FILOSOFÍA DEL LABERINTO

ADOLFO DE PAZ

FILOSOFÍA DEL LABERINTO

© Gustavo Adolfo de Paz Marín

® 1901269746588
Todos los derechos reservados.

*"Sé que no hay un camino recto.
No hay un camino recto en este mundo.
Sólo un laberinto gigante de cruces e intersecciones".*

Federico García Lorca

*Este libro está dedicado a la memoria de Nikola Tesla
y al maestro del movimiento Heráclito de Éfeso.
También está dedicado a la memoria de Albert Einstein.
Juntos constituyen la tríada de la dinámica:
Tesla en la interpretación de la luz,
Heráclito en la interpretación del movimiento
y Einstein con su interpretación de la energía.*

PRÓLOGO

Antes de empezar quiero pedir que nadie deje de leer por sentirse ofendido o por no estar de acuerdo en alguna de las opiniones que hay en este libro. Ruego a los lectores que permanezcan hasta el final, y después participar en el debate en caso de haberlo. No tiene importancia ninguna mi cara o mi aspecto, tampoco tiene ninguna importancia si escribo bien o mal, o si cometo errores. Lo importante es el contenido. Tampoco importa si se lee sin entender o se comprende directamente. Lo importante es el contenido no la forma, así que ruego que estén atentos al contenido de lo aquí escrito. Tal vez alguien se sienta ofendido o en desacuerdo. Nada de lo que se diga es una verdad inamovible, entre otras cosas, porque la física nos está demostrando que no hay verdades inamovibles, y esto, lejos de lo que puede parecer, es extraordinario.

Entre los siglos VI, V y IV antes de Cristo existieron unos pensadores que dieron lugar a la ciencia y la filosofía occidental. El lugar era los estados griegos y las islas jónicas que eran colonias del pueblo griego donde se dedicaban al comercio. Como la península del Peloponeso, en la antigua Hélade, era una región muy pobre, los griegos se vieron en la obligación de comerciar con otros pueblos. De la necesidad y del contacto con otras civilizaciones nació la curiosidad y el interés por el conocimiento en este pueblo. Sin tecnología, o con una tecnología muy precaria, como una estaca o una piedra, consiguieron medir el diámetro de la Tierra con bastante precisión. Pero no es por la importancia de sus descubrimientos científicos por lo que el pueblo griego es conocido sino porque allí nació la Filosofía, el pensamiento occidental. A pesar de que no tenían suficientes recursos ni herramientas, ni calculadoras ni ordenadores ni telescopios ni microscopios electrónicos ni aceleradores de partículas, los pensadores griegos iniciaron la moderna matemática (Pitágoras), descubrieron la mecánica del movimiento (Heráclito), la existencia de partículas infinitas que lo componen todo (Anaxágoras), la teoría de la evolución, que no la inició Darwin sino Anaximandro, el cual afirmaba que los seres humanos proceden de los peces; y la primera teoría atomista que fue recuperada más de mil años después: la de Demócrito, el cual afirmaba que el mundo se había formado a partir de una partículas microscópicas e indivisibles denominadas átomos. La teoría del big bang, en una forma mucho más compleja y elaborada que la de nuestros físicos, incluido el anti-filosófico Stephen Hawking, fue desarrollada por estos antiguos pensadores que no conocían la radiación de microondas porque vestían túnicas y no disponían de libros, imprenta o bolígrafos, mucho menos de medidores u otra clase de tecnología. ¿Cómo lo hicieron? ¿Cómo pudieron hacer todo esto unas personas que no tenían más que su cerebro y sus sentidos? Por medio de la intuición, por medio del pensamiento intuitivo, por algo casi totalmente denostado por nuestras sociedades que lo basan todo en el cálculo y han tirado a la basura al pensamiento intuitivo y la filosofía. Es curioso porque Stephen Hawking usaba el pensamiento intuitivo por encima de todo, y hacía filosofía, como teórico; casi toda su obra es física teórica; pero su teoría del Todo ya había sido expuesta por la filosofía; en todo caso, su física teórica es una corroboración de lo que ya había hecho la filosofía. Un caso distinto es el de Einstein, el cual nunca se desmarcó de la filosofía, siendo la filosofía del racionalista Spinoza muy determinante en su obra y en sus teorías.

La ciencia no existiría sin la filosofía, porque todas las investigaciones y fenómenos documentados carecen de sentido sin una organización general. En un mundo desconocido, sin aparatos ni brújulas, lo único que puede guiar en principio es el pensamiento intuitivo, pero la filosofía es más que el pensamiento intuitivo: es pensamiento racional. El pensamiento racional no es exclusivo de la ciencia, de hecho, nació como alternativa al mito y nació como filosofía. La ciencia deviene en mito si no va a acompañada de la filosofía. Si, ahora mismo, los físicos afirman que sólo conocemos el 3% o el 5% de nuestro universo, en un universo desconocido, ¿cómo esperan orientarse si la tecnología no está lo suficientemente avanzada? Pues de la manera que han utilizado los seres humanos desde el principio de su historia, tal como lo hicieron los primeros filósofos y científicos griegos, origen del conocimiento occidental: por medio de la intuición y la reflexión, por medio de la filosofía.

Kant nos muestra un esquema de cómo procede el conocimiento, situando en un lugar privilegiado al pensamiento intuitivo. Según Kant, todo conocimiento procede de la experiencia pero no se agota en la experiencia (*Crítica de la razón pura*). La mente aporta sus metáforas intuitivas según continua con la crítica al conocimiento Nietzsche. Todo conocimiento que no tenga una dimensión en la práctica es fantasmagoría, dice Marx.

Todo conocimiento es precedido por el pensamiento intuitivo, aunque proceda de la experiencia, de ahí que todo conocimiento no sólo proceda de la experiencia sino también, no de la ciencia, sino de la filosofía, y viceversa. El método científico lo instauró Galileo Galilei; Descartes, un filósofo francés, le dió su construcción teórica, es decir, lo organizó.

Pero también Descartes fue científico con su geometría analítica, y Galileo fue filósofo cuando su noción filosófica en contra del geocentrismo le condenó, como explica Max Horkheimer. Ninguno es mejor que otro, ninguno es más que otro, los dos contribuyeron al conocimiento.

"Newton llegó a entender que la luz blanca está compuesta por diferentes colores, también es cuando comenzó a elaborar su teoría de la gravitación universal". Es posible que Newton estableciera una relación entre la luz "blanca" y la gravedad, una relación que no vimos, no nos dimos cuenta de esa relación. Newton se consideraba un filósofo, su obra principal *"Principios matemáticos de filosofía natural"* cambió nuestra comprensión del mundo; era tan filósofo como científico, y en sus relaciones entre hipótesis hacía filosofía, sí, filosofía. ¿Por qué se consideró a sí mismo un filósofo?, porque no entendía su ciencia como dogmática ni aislada. ¿Un científico haciendo filosofía?, ¿pero desde cuando los científicos han empezado a considerarse filósofos?, pues desde siempre. Es en el siglo XIX cuando la ciencia se profesionaliza, fruto de la división del trabajo originada por la revolución industrial y el capitalismo emergente. ¿Fue esto algo malo?, no, en absoluto, permitió que las especialidades, como trabajo industrial fragmentado, se desarrollasen hasta el momento actual. A lo largo de la historia no ha existido esta división, pero las cosas cambian. Entonces, ¿por qué no cambiarlas de nuevo?

Volviendo a los colores, ¿por qué los colores no pueden estar agrupados en torno a la luz blanca?, ¿por qué las ciencias no pueden estar agrupadas en torno a la luz de la razón, que no es un monstruo místico que las engulle sino que las enlaza, las alimenta, las desarrolla y, una vez que han alcanzado su madurez, las deja libres? ¿Qué es esta luz de la razón? La unidad de la razón en la pluralidad de sus voces, dice Habermas, es la filosofía; nuestra rebelde, indómita y pequeña filosofía. Es un saber confuso, a veces demasiado complejo, y como dice Horkheimer: *su relación con la realidad es siempre mediada (fragmentada), lo que la hace difícil y minoritaria.*

De nuevo con los colores, Herder, otro filósofo, fue uno de los primeros en ver la relación entre la interpretación de la Naturaleza y la historia de la humanidad, por eso creía necesario observar la ciencia desde otra perspectiva, desde la que el lenguaje es creado por los seres humanos que son seres concretos y no universales abstractos, no son la entidad del principio antrópico, son la fuerza del principio antropológico: (http://www.uma.es/contrastes/pdfs/013/04_Rodriguez-Barraza.pdf). Las culturas son como los colores para Herder, colores no de un mismo principio o fin, sino de una belleza que se reproduce constantemente. Eso también lo enseñó Herder, el respeto a las culturas, el multiculturalismo. Goethe interpretó los colores en una teoría que extrajo a partir de Newton, él diferenció entre el espectro óptico tal como lo interpretó Newton y la percepción. ¿Un literato, el autor del Fausto, haciendo ciencia?, ¿pero esto no es exclusivo de los científicos encerrados en un laboratorio? Arthur Schopenhauer en su crítica a la teoría de los colores de Goethe elaboró una hipótesis que, actualmente, no hace demasiado tiempo, se ha comprobado. Lo colores los crea el cerebro en su percepción de las intensidades de la luz, el color es una intensidad de la luz que el cerebro interpreta:

http://www.academia.edu/16414620/_Sobre_la_visión_y_los_colores_de_Arthur_Schopenhauer

Puede ser que Tesla dijera la verdad cuando afirmó que *Todo es la luz*. Pero la luz no es algo único, es dinamismo y multiplicidad. En cambio, nuestra vida, aunque siempre dispersa, sí es algo único.

¿Literatos, poetas, filósofos, discutiendo sobre ciencia? Pero si la ciencia es exclusiva de privilegiados que saben de matemáticas principalmente. ¿Nadie se da cuenta de que las matemáticas son otra forma de interpretación, de que no es necesaria una correspondencia absoluta porque es imposible contener a la realidad en un laboratorio? Matematizar es pensar, pensar es filosofar, interpretar es crear. El lenguaje siempre termina siendo el lenguaje de la poesía, que es tan abierto que permite tanto la libertad como la creatividad. La poesía no es el lenguaje de la verdad sino de la inmensidad, de los espacios abiertos; es el lenguaje de los abismos, no porque éstos tengan lenguaje sino porque permite su existencia. La poesía nunca agota el sentido. La poesía es infinita, tanto como la ciencia, en ese vasto océano que contemplaba Newton; el mismo Cosmos sobre el que escribía Whitman o Einstein: (http://loqueheaprendidode.blogspot.com/2013/04/toda-la-teoria-del-universo-esta.html)

Ninguno de nosotros tiene futuro sin la filosofía, menos aún ahora que reducen el pensamiento al cálculo, como decía Herbert Marcuse, y piensan que la inteligencia puede ser algo artificial, un artefacto logrado por medio de cables, computadoras y electricidad. Sin la filosofía, pero también sin poesía o arte, seremos máquinas, estúpidas máquinas de cálculo y geometría. Pongamos fin a esta guerra entre especialidades, a esta división entre humanidades y ciencias, entre biología y física, entre antropología y sociología. ¿Acaso podemos vivir sin conocer la historia? Nuestra división nos debilita, nos hace ajenos a la realidad, nos fuerza a vivir en un mundo fragmentado, más débil e injusto. Juntos seremos fuertes, y necesitamos ser fuertes en un mundo tan hostil, tan precario como el nuestro. El rechazo de las artes, de la poesía, es otra forma de estrechez mental. Las artes nos muestran otra realidad mucho más amplia que esta, liberan nuestra mente: "El arte es mágia liberada de la mentira de ser verdad", dijo Theodor Adorno.

La práctica científica sin teoría no es nada, del mismo modo que la teoría sin práctica es arte figurativo. Toda ciencia procede de la filosofía, pero no se agota en ella. La filosofía no es arte, literatura, poesía, mágia o religión, por otro lado, campos creativos muy dignos, sino que se sustenta en una confrontación con la práctica como dice Jürgen Habermas, otro filósofo; por eso no es literatura ni magia. La filosofía procede de la praxis y retorna a ella, *por eso se dice que la teoría es la forma más elevada de praxis* (Marx). Theodor Adorno, que es otro filósofo, decía que la teoría es un antídoto contra la barbarie. Esto sería una solución para nuestro tiempo, tan lleno de barbarie. Los científicos también hacen filosofía, lo que pasa es que no lo saben. Aunque no lo sepan, no hacen filosofía en sus investigaciones empíricas sino cuando hacen teoría. Porque la filosofía no es la construcción arquitectónica de sistemas de pensamiento, o de grandes eminencias, como dijo Kant, y como dijo Kant: pensar es filosofar. Los antiguos griegos no hicieron grandes construcciones o sistemas conceptuales o edificios abstractos, pensaban en la praxis, que es una palabra griega, pensaban en y por el conocimiento, y no excluían la ciencia, la integraban. Integraban ciencia y pensamiento, conocimiento y filosofía. Estos señores griegos eran sabios, nosotros necios. Somos necios, unos y otros, científicos y filósofos. No hay una separación, de la que también habla Kant, y Hegel, otro filósofo, entre los campos creativos y los campos del conocimiento, por eso hablo de *estetificaciones* en mi teoría (https://www.amazon.es/Teoría-estética-política-Adolfo-Paz/dp/1973580934/ref=la_B076K6BY3Y_1_9_twi_pap_2?s=books&ie=UTF8&qid=1548771159&sr=1-9).

La filosofía la hacemos los seres humanos desde nuestra perspectiva y circunstancia. La ciencia también. Esto es lo que ha denominado *"principio antropológico"* un señor que se llamaba N. G. *Chernichevski* , pero antes de él ya lo introdujo Ludwig Feuerbach, padre del materialismo filosófico moderno. Decir esto, actualmente, es un escándalo, porque parece que la filosofía se hace desde la razón, desde el ser, desde la ética o desde Dios o la Naturaleza, pero no desde una perspectiva antropológica, humana. Cuando Nietzsche escribió su libro "Humano, demasiado humano", no denunciaba una perspectiva humana sino que el conocimiento, la religión o la moral, no surgían de algo místico o abstracto, sino de la mente y la realidad humana. También Nietzsche es uno de los padres del principio antropológico. También la ciencia parece que se hace desde las matemáticas o desde el método experimental, pero la verdad es que la ciencia la hacen los seres humanos con sus lenguajes, sus sentidos, su historia, su mente, su cultura y sus circunstancias; lo que no hace a la ciencia menos científica ni a la filosofía menos filosófica.

Todo esto es un escándalo. La Universidad de filosofía era y es lo más parecido a la Iglesia del medievo, con la santa Inquisición moralista o la ontología del ser pisándote los talones. Allí había quien quería convertir a la ética en una nueva metafísica, o en hacer metafísica a partir de la ética, lo cual es casi lo mismo. Si bien, la historia, que también es una ciencia, nos ha mostrado que no hubo mayores moralistas que los dictadores en las dictaduras.

Esta es la manía que tenemos los seres humanos de crear nuestros propios mitos, y lo que es peor, nos creemos nuestros propios mitos al no concebirlos como mitos. Dejemos que la reflexión y la crítica entre en la ciencia y en la filosofía, si no lo hacemos, convertiremos de nuevo a la ciencia en mito, en *ideología* como dice Habermas; y a la filosofía en un sistema de delirio, como dice Adorno.

La moralidad del moralista siempre comienza con una identificación de lo degenerado, en este caso, ya puede ser el judío, el gitano, el hereje, o el que no es de tu casa o tu familia o tu tierra o tu pueblo o tu religión o tus creencias. Si la libertad y la vida no son los preámbulos, que no lo son, si no son los presupuestos, ellas, la libertad y la vida, sino son los presupuestos de la ética, de la ciencia y de la filosofía, estamos perdidos.

Somos infinitos, tal vez esto sólo sea una suposición, pero todo indica que nuestra composición así lo parece, y porque tanto nacer como morir son una transformación. La vida es una transformación, no un estado, un fundamento, un sistema o un ser. La vida es una transformación perpetua. Si esto no es así, tampoco importa, porque nuestra búsqueda lo es de lo infinito.

La libertad no sería posible sin librarnos del antropomorfismo, que es la mistificación de lo humano, y en nada tiene que ver nuestra perspectiva antropológica que comprende e instaura sus propios límites y transcendencia. Este es el nuevo materialismo, que no es nuevo, parte de Feuerbach, no de la ética ni de la ontología. <u>Se sirve de la ciencia y sirve a la ciencia</u>; reside en Marx y en Nietzsche y atraviesa la Escuela de Francfort. No es un materialismo metafísico ni mecanicista puesto que parte de la concreción para no divinizar la materia. No convierte la materia en ser, no convierte la materia en Naturaleza como una esencia o como algo abstracto.

¿Qué es la verdad desde esta posición, desde esta perspectiva crítica? La verdad no es ni desvelamiento, ni necesariamente un descubrimiento, sino interpretación con una finalidad práctica y vital, como pretendía Nietzsche, y no es una finalidad fisicalista, biologísta o mística.

La verdad es racionalización y se justifica en la práctica, como afirmaba Marx, otro materialista. Se justifica en la praxis, es decir, en la realidad.

La realidad no está en la razón ni en el cerebro, por eso es plural y plástica: es dinámica. La realidad, por eso, "es" y al mismo tiempo se construye. Todos la construimos, todos; no sólo los científicos, los filósofos o los privilegiados.

Hay un documental en Internet que se llama "La segunda tripa", que circula por Internet, y que explica cómo el intestino está comunicado con el cerebro permanentemente. El intestino no es un segundo cerebro sino que el cerebro es un segundo intestino, eso explica. Todo este lenguaje es positivista, el positivismo científico se ha apropiado de un lenguaje y lo ha enclaustrado. El problema del positivismo es que se extralimita, aplica el método experimental a circunstancias en las que no puede aplicarse, no todas, pero sí muchas, quizás demasiadas. El cerebro no es un segundo intestino sino una evolución del mismo, pero esto indica su origen material, concreto, social y biológico. Social y biológico, sí, que no son antónimos.

Que el intestino tenga esa importancia, significa que la alimentación, la forma de alimentarse y el lugar donde uno se alimenta, está en relación directa con el pensamiento y la afectividad. Esto es una explicación materialista y antropológica de algo que en su origen es positivista y científico, y está muy bien; deriva en una explicación filosófica concreta y material. Ludwig Feuerbach ya explicó esto en sus libros, y era un filósofo, mucho antes de este documental. Lo explicó mucho antes de que la medicina se diera cuenta de ello, pero no pasa nada: es importante que la ciencia utilice la filosofía y al revés también. Las circunstancias afectan a la inteligencia y a la afectividad, y con ello, al cerebro. Es una hipótesis holística: intestino, relaciones sociales y circunstanciales, y el cerebro. La afectividad está determinada, muy determinada por las relaciones sociales, que son económicas principalmente hoy en día, y culturales también, predominantemente, y eso guarda una relación directa tanto entre la inteligencia y la afectividad como con las circunstancias materiales: alimentación, economía, relaciones sociales, cultura, etc. ¿Qué tiene esto que ver con la ciencia y la filosofía y todo lo que estamos hablando?, pues que el sentido y la afectividad están determinados entre sí, y a su vez, están determinados por la vida concreta, material, el intestino y su relación con la vida que tenemos y desarrollamos. Es una interpretación filosófica materialista y antropológica; es el materialismo de Ludwig Feuerbach. La afectividad, la inteligencia, la creatividad y las circunstancias están determinadas entre sí. Esto no implica un determinismo absoluto, todo lo contrario, porque las circunstancias y todo lo demás pueden cambiarse; no es, por lo que vemos, un materialismo determinista y mecanicista como el de pensadores anteriores a Feuerbach, el padre del materialismo filosófico moderno.

Hablemos del mundo cuántico: la observación del mundo cuántico demuestra que la observación en general, y la ideología metafísica y seudometafísica del mundo occidental que en el pasado se desarrolló en la práctica como religión y en la actualidad se desarrolla como ciencia o filosofía, es puesta contra las cuerdas. La física cuántica es una bofetada contra las creencias y los mitos que tanto tiempo han estado entre nosotros. Cuanto más se amplia el conocimiento, más caen los límites del conocimiento, pero no al modo kantiano sino en una nueva forma, un nuevo espíritu, un vendaval de oxígeno entrando en nuestras vidas. La libertad ya no es un ideal o un concepto, ahora es material y podemos percibirla en nuestras mentes. Tan sólo un pequeño impulso será suficiente para sentirla también en nuestras vidas. La filosofía de los abismos no nos otorga la libertad, tan sólo nos muestra los cauces por donde fluyen sus ríos. Es la llave de la jaula.

Lo que cuestiona la teoría de la relatividad es que todos los momentos, en el universo, no son posibles de identificar porque su limitación o delimitación desencadenaría una progresión al infinito entendido como inmensidad, no como temporalidad o en un sentido espacial sino como multiplicidad. Cada fragmento, cada partícula, cada planeta, galaxia, estrella, sistema solar, ser vivo, bacteria, o cualquier grano de arena, supone una singularidad tan inmensa que sería imposible delimitar la pluralidad de seres u objetos, y mucho menos movimientos. De aquí procede la infinitud de los abismos, que además de una filosofía es una interposición entre la filosofía del ser y la física positivista. Apoyándome en la magna *"Dialéctica negativa"* de Theodor Adorno, en una universidad que no me gustaba y no dejaba pensar en libertad, empecé a construir una teoría. El universo estacionario y autocontenido se está demostrando que es un mito, y el mundo denominado "cuántico" es una desintegración de lo establecido, tanto de forma científica o filosófica como política y cultural. Dividir el mundo en momentos, en instantes, fue el último recurso del totalitarismo intelectual. Exactamente lo mismo hizo la ontología materialista y la filosofía del ser. Como vemos, la ciencia y el pensamiento convergen siempre en las dictaduras; la Unión Soviética fue un ejemplo de ello con el *diamat*, por eso, no es necesario que converjan, en absoluto, es necesario que dialoguen, que se enfrenten pero de forma racional, que entre la crítica en su interior, pero no para fragmentarse o dividirse sino para enriquecerse.

Lo que gira con movimiento circular es esférico dice Aristóteles, *y también lo inmediatamente contiguo a aquello: pues contiguo a lo esférico es esférico. Todos los cuerpos están en contacto y son contiguos con las esferas*, continúa Aristóteles.

¿Qué valor tiene la física o el conocimiento si no afecta a nuestras vidas?, ninguno. ¿Qué tremenda responsabilidad tiene la física, la ciencia y el conocimiento en nuestras vidas?

Hay tres clases de seres; tres clases de seres dice Aristóteles: *lo que es movido, lo que se mueve y el termino medio entre lo que es movido y lo que se mueve* = simultaneidad, dispersión y aleatoriedad. Pero, al contrario de lo que dice Aristóteles, el ser que mueve no es un ser, es un movimiento disperso, y no es eterno ni esencia pura. El movimiento en la teoría del movimiento no tiene origen ni principio.

Después de tantos años, de tantas críticas, la alianza incluso con la religión, como hizo Max Horkheimer ante la avalancha de cientificismo que nos amenazaba; después de tantos años y de pensar en aquello que decía Nietzsche, gran crítico de la religión, la moral, de la ontología, de la ciencia y la superstición: *"el exceso de geometría y la fe supersticiosa de las masas lo inunda todo"*. Después de recordar todo eso, me doy cuenta de que esta imagen aún tiene tremenda validez en nuestros días; pero después de tantos años escribiendo contra las tiranías filosóficas, políticas, culturales, económicas, intelectuales, religiosas y científicas, es posible comprender que la Física es algo grande y extraordinario.

Adolfo de Paz
Segovia, 29/01/2019

LA SIMULTANEIDAD DE MOVIMIENTOS

Imaginemos que asistimos a una conferencia y preguntamos a los asistentes si creen en la existencia de vida extraterrestre, lo más seguro es que muchos contesten afirmativamente. Si analizamos la coherencia lógica y/o matemática de dicha respuesta afirmativa, sin necesidad de estadísticas, incluso individualmente, nos encontramos con las posibilidades de verificación de dicha incógnita:

A= no existe vida extraterrestre por lo que no es necesario averiguarlo
B= existe vida extraterrestre y es posible averiguarlo
C= puede existir vida extraterrestre pero no es posible averiguarlo

Es decir, en A no se verifica mediante coherencia lógica que es posible la vida extraterrestre y tampoco se consigue mediante corroboración empírica que existe vida extraterrestre. En B el resultado es el contrario a A, hay coherencia lógica porque es perfectamente relacional pensar en la existencia de vida extraterrestre y su corroboración empírica, y en C se mantiene la incógnita debido a la imposibilidad de la corroboración empírica y de ahí se deriva la imposibilidad de la coherencia lógica. Es decir, en C se muestra que la coherencia lógica (en este ejercicio específico) es directamente relacional a la corroboración empírica. Por supuesto que, aunque esta explicación es parcial y reducida, si continuamos simplificando podríamos afirmar que sólo existe 1/3 de probabilidades de coherencia lógica dado que en A y en C es inexistente o incapacitante.

Este ejercicio es una muestra del procedimiento positivista. El positivismo lógico fundamenta, en primera y última instancia, la verificación en la experiencia, pero es siempre una experiencia reducida. Esta reducción puede realizarse en un laboratorio, en un aula o en un campo experimental. La reducción es primordial y una exigencia de posibilidad para el positivismo. La relación entre la coherencia lógica o matemática y la realidad experimentada es tan interdependiente que los resultados científicos son constantemente revocados y las teorías físicas se suceden unas a otras, se mezclan unas con otras, y ninguna parece prevalecer durante un largo período. Esto no es debido a que la matemática no estuviera avanzada en el pasado sino a que la tecnología actual permite percepciones y ampliar el campo experimental de tal modo que la coherencia lógica y/o matemática es cuestionada y puesta en entredicho casi constantemente. Esto es más fácil comprenderlo si consideramos que el lenguaje de la lógica y de la matemática es instrumental, la matemática y la lógica son instrumentos, parámetros y mediciones, comprensiones paradigmáticas, pero siempre desde una perspectiva antropológica. La constante modificación de las teorías físicas no viene dada porque haya un desconocimiento parcial de la realidad sino porque la realidad no encaja con ningún tipo de lenguaje. La realidad no se reduce al lenguaje, por muy empírico o instrumental que sea. El lenguaje matemático mide parámetros, no necesariamente descriptivos sino que también es relacional; permite relaciones para describir parámetros de objetos reales y de fenómenos reales, pero no deja de ser un lenguaje descriptivo y relacional, cubre el fenómeno pero no es el fenómeno. El lenguaje, de este modo, se comprende como simulación, como estetificación. Entonces, si esto es cierto, ¿existe otro método del conocimiento para describir o conocer la realidad?

Supongamos que en el conocimiento existen tres métodos (en realidad hay más pero me centraré en los más relevantes):

Método experimental (positivismo) → lógica simbólica

Método hermenéutico (filosofía del ser) → lógica de la evidencia

Método dialéctico (materialismo) → lógica dialéctica

Por supuesto que en estos métodos existen muchas particularidades y especificidades, pero nos centraremos en la utilización del último método, ya que los científicos y los filósofos del establishment ya se orientan por sus propios medios. La propuesta que tenemos, en principio, consiste en introducirnos en un método y en un campo experimental diferente aunque no divergente con respecto a las otras perspectivas. ¿Por qué hacerlo de este modo?, pues, tal vez, simplemente, por amor a la aventura.

La lógica dialéctica fue creada por los antiguos filósofos griegos, Aristóteles le dió su esplendor y fue recuperada por Hegel en su forma idealista. Marx utilizó la lógica de Hegel como aplicación práctica crítica, es decir, la desacopló de su contexto idealista para utilizarla con una finalidad práctica, concreta, material. Adorno continuó con este método pero lo hizo desprender de todo rasgo positivo u utópico (como idealismo), para desarrollarlo en una forma negativa; la negación de la negación que también estaba presente en Marx y en Hegel pero no como presupuesto inicial antifundamentalista y antisistema. Si bien Herbert Marcuse coopera con la forma que adquiere esta lógica en Adorno, también admite que la lógica dialéctica es algo más que negación (en la negación está implícita la afirmación) como crítica y rechazo para contextualizar el método como lógica de las contradicciones en contraposición a la lógica formal, que desemboca en la unidad y en la fundamentación (es decir, la lógica sigue un proceso dinámico); la lógica dialéctica materialista marxista-leninista (el diamat soviético) también había derivado en lógica formal, en metafísica y en un dualismo (a partir de Engels) que impedía su utilización como método práctico y crítico siendo asimilado al positivismo y a la metafísica respectivamente. La lógica de las contradicciones que explica Marcuse no significa que no resuelva dichas contradicciones sino que las admite, su discurso integra la contradicción y dispersión de la realidad, en lugar de contextualizarla o reducirla como hace la lógica formal y el positivismo. Tanto la dialéctica negativa como la lógica dialéctica en la concepción de Marcuse intentan superar tanto el monismo como el dualismo. De lo que se trataba es de quitar a la dialéctica toda su carga metafísica o idealista. La noción de materia, por otra parte, de otro contemporáneo de ambos: Max Horkheimer, ya no es la del materialismo mecanicista o metafísico (Spinoza, por ejemplo), sino una antideterminación que fundamente la crítica y la posibilidad de una sociedad emancipada. Al margen de todas estas interpretaciones, aquí se comprende la lógica dialéctica como un método, no como la verdad suprema o absoluta, y su uso va a ser el de la comprensión desde el punto de vista de una realidad contradictoria, en origen dispersa, sin fin ni finalidad, y sobre todo, más allá del monismo, del dualismo y del reduccionismo, ya sean biológicos, físicos, antropológicos, etc.

Podemos partir de la noción de realidad como dispersión e inmensidad, pero antes, podemos hacer otro ejercicio y pensar que la realidad es como una habitación. Imaginemos que pintamos la habitación de color verde. Entonces, esa habitación será *la habitación verde*. Luego, con el paso del tiempo, nos olvidamos de que hemos sido nosotros los que hemos pintado esa habitación y entonces creemos que la habitación siempre ha sido verde y que es verde en su totalidad y fundamento. Vivimos en *la habitación verde* y esa es la realidad. Decir que es "nuestra" realidad sería un sacrilegio desde el punto de vista científico, ya que el posesivo "nuestra" denota subjetividad, es un subjetivismo. Explicar la ausencia de objetividad "pura" o neutral en los lenguajes y conocimientos humanos es hoy en día una ofensa, tal vez, una locura, pero vamos a ser valientes y a proceder de este modo. Los lenguajes humanos son humanos, antropológicos y culturales (incluido el matemático). Los conocimientos humanos son humanos, antropológicos y culturales. La realidad, entonces, ¿es subjetiva? Hablar de antropología y de contexto sociocultural es subjetivo desde una perspectiva objetivista, desde una especificidad (*la habitación verde*) que no contempla más que lo obtenido en un laboratorio o en una "realidad" acotada. De hecho, el mismo concepto de habitación es una acotación: ¿qué es la habitación?, ¿sus paredes, techo y suelo?, ¿el espacio entre sus límites?, ¿una construcción humana? ¿Es entonces la realidad una construcción humana? La respuesta, desde nuestra perspectiva materialista y dialéctica es: sí y no.

"La realidad está en la realidad y no en la razón", decía Friedrich Nietzsche. No podemos confundir la realidad con nuestros lenguajes ni con nuestros estándares (construcciones) porque eso implicaría un reduccionismo, tanto el reduccionismo subjetivista como el objetivista. Si nos alejamos de la habitación (y de su color verde) nuestra perspectiva cambia; en cierto sentido, nuestra perspectiva se amplía. Esto recuerda a que algunos científicos y pensadores de antaño, como Aristóteles, consideraban que el planeta Tierra era plano. Al ampliar la perspectiva con ayuda de la tecnología y de cálculos matemáticos; aunque fueron los filósofos, con la intuición y el razonamiento, los primeros en teorizar sobre que el planeta tierra tenía forma esférica, esta comprensión se transformó. Podemos hablar entonces de que la realidad es, más que dialéctica, plural; y la realidad racionalizada es tan sólo un matiz, una especificidad de la realidad, que es siempre más extensa, plástica e inabarcable que todos los métodos, lenguajes y conocimientos. La realidad se construye como red de redes, la realidad social se encuentra en una realidad más amplia y dispersa como es la histórica y cultural, a su vez, esta realidad se encuentra en otra "red" como es la realidad antropológica o la cosmológica, y todas las realidades confluyen y se contienen en una realidad que no es única y en la que habitan redes, movimientos y pluralidad. Esto significa, desde esta comprensión, que no hay realidad única ni absoluta sino realidades, y es, desde la concreción, desde la materialidad, desde donde es posible la corroboración en última instancia de la veracidad de los lenguajes, los conocimientos y las ciencias, porque la realidad es tan inabarcable que la única guía del conocimiento ante la dispersión y la pluralidad, ante lo que premeditadamente podemos considerar el infinito, o al menos, la inmensidad, el abismo, radica en la vida concreta que es la que da lugar a la razón, los lenguajes, la métrica, el contexto social, cultural y antropológico. Esta perspectiva rompe con las determinaciones objetivistas y subjetivistas, sitúa en la praxis cualquier presuposición en torno al conocimiento; no fundamenta en la materia, ni en el ser, ni en cualquier tipo de lenguaje, el conocimiento, sino en la realidad dialéctica del antropos y la infinitud de abismos (inmensidad y dispersión en la que habitamos). La dialéctica materialista deja de ser dual o monista para admitir realidades plurales, dispersas y llenas de contradicciones.

Partimos del presupuesto, que no es un prejuicio, de que la aleatoriedad no es el caos ni el orden, ni es el azar, y que nada le precede. Einstein muestra en la teoría de la relatividad especial que la simultaneidad nunca es absoluta porque si se cambia el marco de referencia, los fenómenos o los movimientos no suceden de manera simultánea. Esto es lo que determina que el tiempo sea relativo según la teoría de la relatividad, es decir, en nuestro lenguaje y perspectiva acotados según la ciencia física; sin embargo, puede que ninguna red de movimientos sea simultánea en cuanto al observador, pero sí lo es dentro de la propia red o red de redes, ya que toda red lo es de redes. La simultaneidad no es absoluta y cambia con la referencia, lo mismo ocurre con respecto al movimiento, pero dentro del movimiento sí se produce la simultaneidad. Esta circunstancia, al margen de demostrar la relatividad del tiempo o del espacio, muestra tanto la imposibilidad de un orden absoluto como de un caos absoluto. Desde el punto de vista dialéctico, la relatividad tampoco puede ser absoluta, en este caso, dicha relatividad se convierte, simplemente, en dinámica: lo que los filósofos denominan como "el devenir". Las simultaneidades de movimientos constituyen redes, pero cada red no es una totalidad sino una multiplicidad organizada, por lo tanto, cambiar de red o de marco de observación supone transcender dicha red de movimientos, ya sea mediante la observación o por la interferencia. En la mecánica cuántica, el comportamiento de la partícula como onda o como partícula es fruto de la dispersión o de la red que configura el movimiento, no tanto de la función onda-partícula sino de la aleatoriedad que puede ser interferida por medio de la observación. La descripción podría hacerse con otros conceptos como el de dispersión, simultaneidad u organización. Cuando la partícula se comporta como onda tiene lugar la dispersión (dispersión no significa necesariamente aleatoriedad, puede haber dispersiones simétricas), cuando actúa como partícula se comporta como simultaneidad, o más precisamente, como singularidad. Una singularidad es una particularidad, es decir, lo que distingue a algo por su semejanza; es una especie de síntesis, pero no es dada a partir de una dialéctica como en Hegel o una dualidad como en el taoísmo sino a partir de configuraciones plurales simétricas o no. Tanto si se comporta como onda o como partícula, la aleatoriedad siempre está presente. Ni la simultaneidad ni la singularidad son estados absolutos o perfectamente definidos, siguen siendo aleatoriedad y movimientos. La aleatoriedad precede a la función pero la no interferencia también puede ser una forma de interferencia, esto es, la ausencia de interferencia en la aleatoriedad puede dejar a la misma aleatoriedad como aleatoriedad, es decir, como dispersión, y esto ser interpretado como función de onda. Que la partícula como función de onda actúe mostrando un patrón organizado muestra que la aleatoriedad se desarrolla tanto en dispersión como en simultaneidad, es decir, dispersión y simultaneidad son las dos caras de la misma moneda en la aleatoriedad. Esto no presupone que el orden y el caos estén insertos en la aleatoriedad a priori sino que los movimientos se organizan o dispersan en la aleatoriedad desde la aleatoriedad. Este comportamiento de las partículas subatómicas viene dado no tanto por la interferencia de un observador como de su configuración como redes de movimientos y de movimientos de movimientos que configuran redes. La probabilidad cuántica viene determinada por la acción aleatoria de movimientos. En esta circunstancia (o realidad) las redes son dimensiones de movimientos que configuran otras dimensiones, de ahí la incertidumbre, la dispersión y la probabilidad cuánticas. La probabilidad viene dada, de nuevo, por la acotación, como en la metáfora de la habitación verde. Lo que se denomina onda y lo que se denomina partícula son especificidades de movimientos y sus trayectorias en determinadas dimensiones, es decir, en redes o simultaneidades de movimientos. Ningún movimiento actúa aislado sino en dispersión o simultaneidad con otros movimientos que generan trayectorias, de ahí que, lejos de haber "universos paralelos", hay redes o dimensiones de movimientos con dispersión o simultaneidad, o ambas, en sus trayectorias. La indeterminación de las partículas cuánticas en movimiento viene dada por la aleatoriedad causada por la multiplicidad de movimientos que puede originar tanto simultaneidad como dispersión. Los denominados "otros mundos" son dimensiones de movimientos que configuran redes. Los movimientos, así como la pluralidad, son posibles debido a la aleatoriedad, al dialéctico devenir entre dispersión y simultaneidad. La dinámica hace posible la organización. Lo que parece caótico desde el punto de vista científico y filosófico es lo que posibilita la organización, ya que para que exista algo organizado antes ha de encontrarse en otro estado, pero esto es diferente: el origen y fundamento de la simultaneidad y la singularidad esta en su ausencia de origen y fundamento. No es necesario un orden metafísico u ontológico para que haya orden, tampoco se trata de "la mano invisible", tan solo se trata de que las categorías de orden y caos son hipóstasis abstractas que socavan la pluralidad y el movimiento. No tiene por qué haber orden o caos, organización no implica un estado estacionario u absoluto; más bien, según la interpretación aquí expuesta, los movimientos, y la pluralidad de éstos, generan su propia dispersión y su propia simultaneidad. Lo que denominamos "aleatoriedad" es tan sólo un sinónimo de la dinámica, en ningún caso un fundamento. La filosofía y el conocimiento, a lo largo de la historia, han sido una secuencia de arquitecturas sólidas con cimientos de barro.

El problema de la simultaneidad no es un problema de espacio/tiempo ni de "acciones espectrales a distancia" sino, cabe la posibilidad, de que consista en la interacción entre redes de movimientos. Al considerar que no existe un "tejido" o red espacio/temporal, sino que solamente existen redes de movimientos, la simultaneidad también es posible como ausencia de interacción e interferencia entre las redes, es decir, como singularidad de movimientos o, dicho de otra forma, como redes más simples y singulares de movimientos que interactúan, o se "mueven", de manera simultánea. Esta hipótesis es contraria a la existencia de un espacio y un tiempo, mucho más a la noción de universo o totalidad. La pregunta originaria acerca del origen y el orden de todas las cosas, de la propia existencia de la Naturaleza, adquiere nuevos matices y representa una amenaza contra todas las creencias y necesidades de orden que se han dado a lo largo de la historia. Vemos, de este modo, que el conocimiento está ligado al desarrollo social y cultural, está inserto en el entorno sociocultural, con todos sus mitos y necesidades. En mi libro "La infinitud de los abismos", expliqué que la simultaneidad puede ser dada por la ausencia de distancia. El problema de la distancia ha sido excluido de las investigaciones científicas, que buscan un enlace entre partículas o efectos o fenómenos, y buscan también fundamentar las relaciones entre movimientos y organismos u objetos dados. Una de las hipótesis planteada en ese libro es la de la posible transmutación de la distancia. Si la distancia es dada porque hay "algo", un espacio lleno, entendiendo el término "espacio" como una abstracción, como un concepto, y entendiendo el término "tiempo" como otro concepto, o más bien, como una abstracción del movimiento, la distancia puede ser transcendida ante otra u otras dimensiones de movimientos que a su vez transciendan o transmuten las redes o dimensiones de movimientos, que podrían interferir o causar lo que denominamos distancia. Es decir, la simultaneidad parece ser lo más veloz que existe. A menudo la simultaneidad se ha interpretado como un estatismo, como algo singular y casi permanente, pero, ¿qué ocurriría si la simultaneidad es la acción del movimiento y la aleatoriedad preservada de la distancia? Si rompemos, es decir, si transcendemos o transmutamos unas redes de redes de movimientos y dejan de interferir entre ellas, anulamos la distancia. En ese caso obtenemos la simultaneidad (podría decirse, en el lenguaje de la física, que fuerzas simétricas generan simultaneidad). Cabe la posibilidad de que la simultaneidad sea dada como información que transciende la distancia. Esto ocurre con redes de movimientos como son las células de nuestros órganos, no en cuanto a su interacción y comunicación sino en cuanto a sus funciones. La función de cada célula viene dada por la información contenida en ella, y no es necesaria la comunicación entre células de diferentes órganos para que cumplan determinadas funciones. En el entrelazamiento cuántico no es la información interna de cada partícula como comunicación intrínseca lo que parece provocar la simultaneidad, el mismo entrelazamiento provoca la simultaneidad, es decir, se anula, en cierto modo, la dispersión al transcender la distancia. La simultaneidad, si puede ser definida, debe ser algo parecido a la transcendencia de la distancia. Esa transcendencia nunca es absoluta pues depende de la interferencia entre redes de movimientos, siempre está sujeta a la posibilidad de la dispersión. La aleatoriedad siempre está presente, por eso, el devenir, y no el ser, es lo que constituye las realidades concretas en las que vivimos. Si la simultaneidad es relativa y nunca absoluta, por otra parte, entonces la aleatoriedad, y con ella, la dispersión, siempre están presentes de algún modo. Esto tiene serias repercusiones ante nuestra comprensión del entorno donde vivimos, al que llamamos "Todo, ser, universo, Naturaleza", nombres, categorías y conceptos que siempre responden a una acotación. Recordemos, una vez más, la metáfora de la habitación verde. Este ensayo propone ir más allá de nuestras teorías, de nuestros mitos, de nuestras creencias; lo que propone es liberar nuestra mente y sumergirnos en la aventura. Para ello no es necesario nada más que el valor. De todas maneras, lo expuesto hasta ahora es tan sólo una teoría más sobre cómo es posible que la organización proceda de la dispersión, o más bien, de la aleatoriedad, y la simultaneidad y la singularidad sean dadas a pesar de que no sea de forma absoluta y a pesar de la existencia de un devenir aleatorio y plural. La simultaneidad, de todas formas, a pesar de su relatividad, o más bien, de que la aleatoriedad siempre está presente en ella, constituye internamente lo que denominamos el "presente", es decir, algo acotado desde nuestra perspectiva. El que la simultaneidad no sea absoluta demuestra la ausencia de fundamentación y la constante presencia de los movimientos, de las redes de movimientos que constituyen el devenir, un devenir que nunca degenera en ser ni en totalidad. La relatividad de la simultaneidad no es interpretada aquí como la circunstancia relativa que pensaba Einstein sino la ausencia de límites en las redes de movimientos, en el mismo movimiento, no es que los movimientos sean siempre perpetuos en sus singularidades, es que no existen movimientos aislados, la pluralidad impide tanto ese aislamiento como la simultaneidad absoluta. Esa misma pluralidad (de movimientos) hace posible la multiplicidad de movimientos y la configuración de redes de movimientos. La pluralidad (de movimientos) da forma a lo singular en redes, pero son redes dinámicas, es decir, de movimientos. La pluralidad de movimientos es lo que los antiguos denominaban "devenir", pero en esta nueva perspectiva el devenir no degenera en ser, configura redes pero no fundamentos ni totalidad. El orden y el caos son ficciones conceptuales, puesto que, en primera y última instancia, es la aleatoriedad lo que persiste. Perecer es, desde esta perspectiva, perder la singularidad, o dicho de otro modo: recuperar la dispersión y la aleatoriedad, tal vez, para crear otra forma de simultaneidad o de singularidad. La incógnita, de todas formas, permanece.

LA REDUPLICIDAD DE LAS REDES

Hemos interpretado "la teoría de la simultaneidad de movimientos" finalizando, de momento, con un tema bastante escabroso. La muerte consiste en cambiar de movimientos, por lo tanto, también es cambiar de redes para la configuración de otras redes que son reconfiguradas en dispersión como otros movimientos y otras redes de movimientos. En biología existe la teoría de redes cuyo presupuesto inicial consiste en que la vida se reproduce porque se reduplica. La teoría de la reduplicidad de las redes no explica la totalidad de la vida existente, entre otras cosas, porque no hay una totalidad de lo existente. La teoría de redes, más allá de su aplicación en las ciencias sociales o en la biología, puede ser introducida en la filosofía de la "Naturaleza" considerando las redes como desarrollo de movimientos que tienen la posibilidad de regeneración, multiplicidad y de reduplicidad: es posible el desarrollo y la repetición en dicha teoría. El pretendido equilibrio en la aleatoriedad descubierto por John Nash y otros matemáticos es una demostración de la teoría de redes, pero no de un orden intrínseco en la misma aleatoriedad como la interpretación de los filósofos pitagóricos. El espín es la propiedad de las partículas cuánticas que es equivalente al movimiento, pero no es un movimiento de rotación sólido o de singularidad sino de probabilidad, y es constante porque no se singulariza, en cierto modo, es simultáneo y en dispersión al mismo tiempo, es decir, está en aleatoriedad pero de una forma tan simple, tan elemental, que no produce por sí mismo singularidades; ¿es el movimiento el constituyente de dichas partículas? Las partículas elementales son las no singularidades dinámicas que configuran simultaneidades y, de este modo, singularidades. Esto, y la diversidad de las partículas, explica la pluralidad, en ningún caso explica un principio monista o fundamental. El átomo siempre se encuentra en aleatoriedad si no hay interferencia, con interferencia se encuentra en dispersión. El momento angular es tan sólo un parámetro de una constante abstracta, es decir, un movimiento se mantiene constante si no hay interferencia; esto no lo hace constante sino, más bien, simultáneo. Las constantes son abstracciones. La multiplicidad de los movimientos construye redes en simultaneidad tanto como en dispersión, las redes llevan inserta la dispersión en su propia configuración, de ahí la aleatoriedad. Lo que denominamos "red" es una metáfora y no un concepto: es una metáfora de la trayectoria de los movimientos en su multiplicidad simultánea. En términos económicos, el presupuesto orden en el mercado, "la mano invisible" del mercado, no está fundamentado en la aleatoriedad en sí misma, ni en el azar, sino en un supuesto orden metafísico en el azar. Pero esta interpretación del mercado como libre no es correcta no porque no se rija por el azar sino, precisamente, porque el mercado no se rige por el azar sino que se organiza en torno a desigualdades de propiedad y de distribución, por lo tanto, el orden en el caos del mercado responde a la ausencia de participación y organización de la red conjunta en detrimento de un orden caótico de poder subjetivo y administrativo (parcial), que desemboca en la irracionalidad y el caos del propio mercado. No hay leyes lógicas en el mercado porque el mercado es una institución regulada por algo irracional y abstracto (ideal), en lugar de la administración, organización y redistribución racional. No es la aleatoriedad la que introduce el caos o el orden sino la ausencia o presencia de organización. No es por la aleatoriedad por la que deban regirse los seres humanos sino por la organización equitativa, democrática, racional, productiva y redistributiva. No es en la intemperie donde se haya refugio sino en la morada, no en la morada del ser sino en las realidades racionales construidas por los seres humanos, apoyadas y organizadas en torno a una racionalización de la aleatoriedad (metáfora de la habitación verde).

La aleatoriedad no se fundamenta en nada (ni en la Nada o ni en el vacío) porque se desarrolla en una infinitud de abismos (redes de redes de movimientos), los cuales carecen de fundamentación. La pluralidad no metafísica no se reduce a la materia, porque la materia es una de las categorías antropológicas y/o culturales sobre las que se asienta la descripción e interpretación relativa al conocimiento que ha adquirido la condición de hipóstasis metafísica y ontológica. La aleatoriedad no es constitutiva de la materia sino que la "materia" se configura en redes, resultado de la aleatoriedad de los movimientos. Los movimientos no se desarrollan en caos ni en orden sino en aleatoriedad, el resultado y organización de redes deriva, precisamente, de ello. La aleatoriedad no se puede substantivar porque no es fundamento o principio de nada, ni siquiera de ella misma, tan sólo es el espacio (no un espacio tridimensional ni de más dimensiones cuantificables, sino de infinitud de abismos como dimensiones) donde se desarrollan y actúan los movimientos. Las redes tampoco se fundamentan en la aleatoriedad sino que carecen de fundamento, se configuran desde la aleatoriedad y no en la aleatoriedad o de la aleatoriedad. La infinitud de realidades o de dimensiones que se caracterizan como "abismos" (por no encontrar otra palabra, metáfora o concepto mejor) muestran que la realidad (o concreción) en la que vivimos es una acotación: es una racionalización desde la praxis que nunca abarca la multiplicidad ni la pluralidad que en ella habita. Tanto nuestras racionalizaciones como el medio que nos rodea son redes desde el punto de vista de la pluralidad de movimientos en los que cohabitan nuestras acciones, tanto en redes como en dispersión, con los movimientos, tanto en redes como en dispersión. Esto supone que la realidad acotada en forma abstracta y concreta, es decir, tanto en teoría como en práctica, es una pluralidad de abismos que cohabita en redes y en dispersión. Esta "realidad" o redes de realidades son tanto antropológicas y culturales como físicas y biológicas, teniendo en cuenta que dichas especificaciones son parte de la racionalización y acotación humanas. La dispersión y la pluralidad son organizadas en torno a racionalizaciones o estetificaciones (considerando la noción de estética en el sentido kantiano más que en el de Baumgarten) nunca concluyentes en el campo del conocimiento. Mientras que no nos encontremos con Dios o con un fundamento en la praxis o en la experiencia cualquier propuesta metafísica o de la totalidad, el sistema como delirio, no deja de ser fantasmagoría. Por otra parte, el escepticismo como doctrina o la fragmentación positivista parten de una interpretación del caos o la dispersión abstracta porque no dejan de ser especificaciones objetivistas y fundamentalistas, cuyo origen y desarrollo continua siendo metafísico. La organización, tanto de las sociedades humanas como del conocimiento, deriva de la praxis y de la racionalidad antropológica, y no de un principio u origen. La irracionalidad, el caos o la incertidumbre, provienen tanto de la realidad como la interpretación del ser, el orden, el fundamento o de Dios, es decir, de una realidad falsamente acotada que responde a intereses políticos y culturales, más que antropológicos o humanos. A esta realidad acotada de forma abstracta se le ha denominado *ideología* y acotada de forma práctica se le ha denominado campo de concentración.

Las multiplicidades de movimientos como configuraciones de redes son las "dimensiones", por lo tanto, hay infinitas dimensiones si las entendemos como configuraciones de redes de redes de movimientos, y son infinitas no por su amplitud o temporalidad sino por su reduplicación y diversidad, es decir, son abismos. Hay abismos en múltiples dimensiones, en múltiples trayectorias. Los movimientos generan la dispersión y la simultaneidad que, a su vez, generan redes, que son la simultaneidad de redes de redes de movimientos. Los movimientos son dimensiones porque tienen trayectorias (el momento angular es una trayectoria intrínseca: el movimiento nunca deja de ser movimiento), a su vez, pero no redes (no son cuerdas tampoco): configuran redes pero no son redes. En cada movimiento hay múltiples y diferentes movimientos. Hay red de redes y movimientos de movimientos, pero todas las redes lo son de movimientos. Los movimientos en simultaneidad configuran redes. Hay, de este modo, infinitud en ambos sentidos, en múltiples sentidos. La simultaneidad de movimientos puede configurarse en red. Los movimientos de movimientos generan otros movimientos, he aquí el origen de lo que denominamos "redes". Desde la dimensión de movimientos o red de redes que es un flujo de movimientos en red, no es posible observar esos movimientos más allá de su fluir (acontecer) pero sí es posible hacerlo desde otra dimensión de movimientos (red). La observación de movimientos en otra simultaneidad (red) permite transcender lo acontecido y el acontecer de otras dimensiones. Desde esta perspectiva, no hay múltiples universos sino multiplicidad de dimensiones. La dimensión de movimientos o red de redes que no están acotadas sino singularizadas, a su vez son dimensiones de dimensiones o redes de redes de movimientos, lo que se ha denominado de forma metafórica "la infinitud de los abismos". Estos "abismos" lo son sin delimitación, (singularidad no es totalidad, ni abierta ni holística), hablar de macrocosmos o de microcosmos es utilizar un lenguaje de laboratorio, como si lo existente fuese un laboratorio. La delimitación entre macrocosmos o microcosmos es arbitraria.

En las redes de redes de movimientos es la simultaneidad de los movimientos lo que genera la denominada "gravedad" o fuerza de atracción. La simultaneidad de los movimientos en red genera la gravedad en una reducción de redes. Hablamos de "reducción" porque las fuerzas son generadas por las trayectorias de los movimientos, son los movimientos mismos, pero interpretados como fuerzas. No podemos hablar de gravedad sino de gravedades, el concepto "gravedad" más que una fuerza es una abstracción de un orden de fuerzas en el "universo". La teoría de la gravedad como curvatura del espacio/tiempo o la gravedad cuántica constituida a partir del "gravitón" son diferentes hipótesis de la gravedad que no concuerdan con la hipótesis que aquí se afirma. ¿Por qué los átomos que contienen "espacio vacío" en su interior, según la física clásica, pueden deformar el espacio-tiempo?, porque no lo hacen; ¿pueden los átomos en conjunto crear masa suficiente para generar gravedad?, ¿pero no deberían hacerlo por separado?, ¿qué es la fuerza que los une?, realmente, ¿qué es la gravedad? La hipótesis de la curvatura del espacio tiempo no responde a estas cuestiones. La respuesta se ha intentado encontrar en una estructura básica, en un fundamento. La teoría de la gravedad, por lo tanto, no puede explicar la gravedad a "escala cuántica". En la física cuántica, el intercambio de una partícula aún no descubierta, "el gravitón", es lo que causa la curvatura del espacio tiempo. Esta hipótesis es la que conseguiría unificar la "dimensión cuántica" con la física clásica. En cualquier caso, en la hipótesis que aquí se afirma, la actividad del gravitón ocasionaría redes de redes de movimientos que darían lugar a "singularidades gravitacionales" pero no a la curvatura espacio/temporal. En caso de no existir "el gravitón", podrían ser otras partículas, como el fotón materializado (la materia oscura) o la acción simultánea de redes de redes de movimientos lo que diera lugar a la gravedad, o mejor aún, a las gravedades. Que la gravedad sea menos intensa o una fuerza débil es debido a la contención o actividad de los movimientos intrínsecos en las singularidades o redes de redes de movimientos. Tanto la teoría de cuerdas como la de lazos está condicionada por la dimensión espacio/temporal, la teoría de redes no. La teoría de la multiplicidad de los movimientos puede interpretar fuerzas como redes o redes que operan como fuerzas, pero tanto fuerzas como redes no dejan de ser movimientos o movimientos de movimientos. Una gravitación universal no es posible de ser concebida en esta teoría, a no ser que la pluralidad de movimientos genere redes de atracción en su actividad como movimientos y esto pueda ser presupuesto como algo generalizado. En todo caso seguiríamos hablando de fuerzas de atracción como redes de movimientos que posibilitan simultaneidad y con ello "atracción" o singularidades. La generalización de la idea de red como fundamento de la gravedad o de partículas concretas o fuerzas concretas que fundamentan la gravedad entra en contradicción con la teoría de la multiplicidad de movimientos ya que son los movimientos y las redes de movimientos lo que genera la simultaneidad y con ello lo que se ha denominado "gravedad". Las singularidades podrían interpretarse como fundamentadas por la gravedad, pero en lo que converge la noción de gravedad con la de aleatoriedad es que no son fundamento de nada, son resultado de la acción de movimientos y de las redes de movimientos. La simultaneidad siempre es dinámica, se puede hablar entonces de una "simultaneidad dinámica". Las redes son esas simultaneidades dinámicas que también denominamos "singularidades".

Llegados a este punto, podemos preguntarnos: ¿por qué empleamos este lenguaje?, ¿por qué no hablamos de entes, substancias, tiempo, objetos, velocidad, etc? La respuesta es que no podemos emplear los conceptos rígidos de la ontología y de la física para elaborar una nueva teoría o interpretación de la realidad. Aún menos la que aquí se está elaborando. En cierto modo, este ensayo es un abordaje contra la tradición, tanto en su sentido bélico como desde una perspectiva comprensiva y reflexiva.

El devenir no es del ser ni de lo uno sino que es un devenir múltiple, de las multiplicidades, es el movimiento de las multiplicidades y las multiplicidades en movimiento porque las multiplicidades son movimientos; y como éstas son infinitas, el devenir es infinito y de lo infinito. Las multiplicidades son lo que deviene, pero no en conjunto, totalidad, simetría o simultaneidad, sino de forma asimétrica en una inmensidad. Esto no equivale al caos, porque tanto el orden como el caos son categorías antropomorfas como hemos explicado. Se excluye aquí cualquier pretensión metafísica u ontológica. El problema de todas las nociones del ser es que fundamentan la transcendencia en un orden jerárquico, en lugar de un espacio donde desarrollarse y crear la transcendencia: una dimensión material que también transcienda, sobre todo, por su inmensidad. La transcendencia lo es en su relación con la inmanencia (desde Spinoza a Feuerbach); la primera, desde la perspectiva de este ensayo, depende de la segunda pero no la somete. Lo que nos rebasa o nos transciende rebosa en una inmensidad pero no puede ser un fundamento a partir de un orden sino de la libertad. El orden es una cuestión humana y no divina, toda organización tiene un sentido y un origen antropológico y material (concreto). La infinitud de los abismos rompe con el totalitarismo del ser, de hecho, lo desintegra. La tradición ha sometido a la transcendencia al interpretarla de diversos modos, el propósito de esto ha sido el sometimiento y la esclavitud de los seres humanos. La teoría filosófica de los abismos es un intento de establecer, más no de fundamentar, la libertad que es posible tanto en la propia teoría como en la práctica. Pero esto no es una forma más de libertinaje, la responsabilidad que aquí se propone deja de estar en manos de lo sagrado o "lo transcendente" para residir en la racionalidad y en la conciencia, tanto social como individual: lo que siempre se ha denominado responsabilidad. Esto no supone hacer, como pretendía Emmanuel Lévinas, hacer de la ética una filosofía primera. El propósito de recuperar una filosofía primera me parece algo poco ético, por otro lado, los establecimientos de códigos éticos han sido un apuntalamiento más en la ideología. Prefiero considerar y mantener a la filosofía como algo dinámico y no totalizador, en contra de todo saber totalizador y fundante, incluyendo a la ética y, por supuesto, a la moral. La consigna de Horkheimer se mantiene aún presente: *la filosofía se define en su ejercicio*. Para todos aquellos que deseen una seguridad o unos principios firmes y contundentes, está la religión o la política como ideología; pero para toda la necesidad de liberación y el intento de escapar de la esclavitud confortable o asumida, la filosofía sigue siendo un antídoto.

El movimiento no da lugar a un orden sino a una organización que es la simultaneidad que, a su vez, da lugar a la singularidad. Del "conjunto" de simultaneidades se configuran redes que carecen de límites porque cada red es una red de movimientos que es "abordada" por otras redes y redes de redes de movimientos. Las simultaneidades configuran redes y las redes de redes de movimientos que, a su vez, configuran simultaneidades, dan lugar a la singularidad que, a su vez, se configura a partir de singularidades. La pluralidad da forma a la pluralidad, pero no como orden, limitación o totalidad sino como organización dispersa contenida. La contención de la singularidad viene dada por la configuración de las redes de movimientos. Lo que conforma la infinitud no es la secuencia o la prolongación lineal sino la multiplicidad y la dinámica de los movimientos que es perpetua, la infinitud no permite que la multiplicidad de los movimientos no se detenga sino que la infinitud proviene de la multiplicidad de los movimientos, es decir, de algo concreto (no es una entidad), y permite, en otras palabras, la estabilidad y la inestabilidad en un dinamismo que ocasiona tanto la organización (o simultaneidad) como la dispersión; en esta dinámica se mantiene lo que existe sin necesidad de un fundamento o un orden intrínseco o externo. La infinitud no es una entidad, es una propiedad o cualidad de la multiplicidad de movimientos, es la perpetua reduplicidad de las redes. Las singularidades llevan contenidas simultaneidades que son redes de movimientos. Tanto las simultaneidades como las singularidades que son formadas carecen de límites internos o externos, su "delimitación" no es absoluta pero tampoco es dispersa en un modo absoluto, simplemente, la red de redes de movimientos genera simultaneidades, y con ellas, singularidades. Las singularidades carecen de límites pero no por ello son caóticas o dispersas, ya que en ese caso perderían su existencia, es la propia simultaneidad y la reduplicación de las redes la que da lugar a singularidades sin límites. El límite es una acotación abstracta, nunca concreta. El movimiento de los movimientos genera redes de movimientos que se reduplican, y al hacerlo, pueden configurar singularidades.

Se da la circunstancia de que cuanto mayor es la magnitud (tamaño, masa, peso, extensión), mayor parece ser la dispersión extrínseca, pero no necesariamente es así en todas circunstancias, todo depende de la dispersión o simultaneidad de los movimientos extrínsecos e intrínsecos. Hay que entender la magnitud tanto en sentido cuántico como en sentido del macrocosmos, teniendo en cuenta que ambas métricas proporcionales son interpretadas de forma arbitraria, es decir, como proporción antropológica. Lo curioso es que las redes de redes de movimientos pueden crear asimetrías tanto como simultaneidades, incluso los movimientos pueden generar redes cuya reduplicación sea extremadamente intensa, lo que denominamos fuerzas o energías, pero en tal caso también es una cuestión de magnitudes. La amplitud puede ser tanto intensa como extensa, pero lo es arbitrariamente, desde la perspectiva antropológica, porque la extensión no ha de ser, necesariamente, macrocósmica. La intensidad de las redes de movimientos viene dada por el movimiento de la reduplicidad de dichas redes que consiste en movimientos de movimientos que configuran simultaneidades. La dispersión que está inserta en las redes posibilita la aleatoriedad y la formación de nuevas simultaneidades y con ello, de nuevas singularidades. La reduplicación de las redes con poca interferencia de otros movimientos o de otras redes que no conformen una singularidad genera simultaneidades de movimientos que en redes de redes son tan intensas que su magnitud y su actividad (como movimiento de movimientos) es inmensa o de proporciones colosales (agujeros negros u objetos muy masivos). Se puede observar que la dispersión, que es la dispersión de movimientos, rompe la reduplicación de las redes retornando a la aleatoriedad; pero este proceso permite la generación de nuevas redes de redes de movimientos. Es justamente la dispersión, lo que permite la reduplicación de las redes. Esto es así porque sin dispersión las simultaneidades colapsarían. Lo que los físicos denominan energía oscura, tal vez sea la dispersión de las redes o la reduplicidad de otras redes, pero como parece algo mecánico o "caótico" es posible que sea la ausencia de redes, y por tanto, de simultaneidades y singularidades, es decir, que sea dispersión. La dispersión posibilita que no haya colapso, de hecho, sin dispersión no habría aleatoriedad, y sin aleatoriedad no habría movimientos. Sin movimientos no habría simultaneidades, y sin simultaneidades no habría singularidades. Esto no significa que sin nada de esto habría un vacío o una "nada": en nuestro entorno no hay tales entes, cualidades, propiedades o circunstancias, al menos que se conozca, de momento. Las categorías de "materia" y "energía" se pueden utilizar desde nuestra circunstancia concreta, es decir, que tienen validez práctica en nuestro entorno, pero en esta teoría que se está argumentando dichas categorías pierden consistencia. La masa es inercial o gravitacional, es decir, que está determinada por la cantidad de movimiento contenida en ella, que viene a suponer que es la cantidad de dinámica o energía contenida en ella: recordemos que masa y energía son equivalentes. Se podría decir que la materia es redes de redes de movimientos en reduplicidad pero con una actividad más tenue y que la energía es redes de redes de movimientos en reduplicidad pero con una actividad más fuerte. Algunos físicos afirman que la materia es energía muy concentrada, pero del mismo modo se podría decir que la energía es materia muy dispersa. La teoría de la reduplicidad de las redes intenta superar el dualismo que la propia filosofía materialista ha creado. Ya no es la materia la substancia primigenia sino el movimiento, que no es una substancia ni una entidad sino una dinámica. La idea de materia debe dejar de ser metafísica o abstracta para centrarnos en la concreción; esto significa que la materia no debe interpretarse como una entidad sino, tal vez, como singularidades dadas a partir de la reduplicidad de las redes, es decir, la pluralidad de los movimientos. Quizás se llegue a descubrir una partícula originaria, es decir, elemental, pero dicha partícula no será el principio de la dinámica ni de las singularidades sino que su red de redes de movimientos será lo que ha originado dicha partícula. Toda partícula es una red de redes de movimientos. Lo elemental no es una partícula sino el movimiento de movimientos, por eso en un acelerador de partículas sólo se conseguirá extraer singularidades que son redes de redes a las que se denominan partículas. El movimiento generado en un acelerador de partículas provoca la dispersión, el choque entre partículas la aleatoriedad, y el resultado son singularidades o seudosingularidades o red de redes de movimientos en simultaneidad o dispersión.

TEORÍA DE LA ALEATORIEDAD

"Todo es la luz" afirmaba Nikola Tesla. La dispersión es origen de las singularidades, porque en su acción, en la acción de los movimientos en dispersión, se producen las simultaneidades, que son las organizaciones de la dispersión de forma simultánea, producto de la aleatoriedad. La aleatoriedad, por sí misma, no produce organización y simultaneidad, necesita de la dispersión. Sin dispersión, no habría simultaneidades, y con ellas, singularidades. ¿Qué hay más disperso que la luz? La luz, como energía, como onda electromagnética en su interferencia con los fotones, es la dispersión en la aleatoriedad; su producto, su singularidad procede de una tenue simultaneidad dinámica. La energía oscura tal vez sea la gravedad como efecto de las redes de redes de movimientos de "la materia oscura" y la materia oscura sea la luz materializada (axión) en redes de redes de movimientos; ambas, energía y materia oscura se mantienen en la equivalencia pero lo hacen por medio de la transformación. El axión podría ser el fotón materializado, sin carga eléctrica pero con potencialidad dinámica si sufre interferencia; por esto el axión no es visible y es difícilmente detectable. Cuando un fotón "muere" no significa que desaparezca, tal vez se materialice, se condense, dando origen al axión. Esto significa que si la "materia oscura" es la materia primigenia, en ese caso se trata de una reduplicación material de la luz. En la luz ocurre al contrario que en el resto de singularidades: tiene su singularidad propia pero en ella la simultaneidad está restringida, más que restringida, inmersa en la dispersión; eso es justamente todo lo que origina la diferencia entre la luz y el resto de las singularidades: la simultaneidad intrínseca está difuminada. En el resto de las singularidades, por el contrario, es la dispersión la que está restringida por la acción de redes de redes de movimientos. En la luz no hay redes de redes de movimientos, pero eso no significa que no haya una cierta simultaneidad inserta en la dispersión que posibilite a la luz ser singularidad: lo que ocurre es que esa simultaneidad la configura su propio movimiento, su dinamismo. La luz no es la luz del ser, lo que caracteriza a la luz es el movimiento; aunque es un movimiento casi "puro" eso no la hace "ser" ni atributo. La luz no es interdependiente con nada, su intrínseco movimiento hace que no sea interdependiente con nada. Es cierto que la luz se configura a partir de algún efecto, pero una vez configurada es dispersión en una simultaneidad que nunca se concreta (mientras siga siendo luz); eso la confiere una singularidad propia que nunca se concreta o materializa para seguir siendo luz. Sin embargo, ¿qué es la luz?, la luz materializada o reduplicada es la singularidad oscura (materia oscura) y, por eso, Tesla decía que el color negro es el verdadero rostro de la luz. Si la singularidad oscura es la singularidad constitutiva *y no primigenia* del Cosmos, de todas las singularidades, entonces Tesla llevaba razón y todo es la luz, al menos en su configuración. Las redes de redes de movimientos se configuran a partir de la dispersión y esta dispersión es originariamente luz y electromagnetismo, el fotón. El fotón es una singularidad nunca completa, siempre es dinámica como dispersión, por eso es el movimiento más extraordinario, que en su propia simultaneidad es capaz de dar origen a diversas singularidades (la conciencia). No es semilla ni origen sino que es capaz, como movimiento, de establecer configuraciones de redes de redes de movimientos. Esto es una muestra de cómo movimientos en dispersión son capaces, por aleatoriedad, de configurar redes. Por otra parte, cada vida es una red de redes de movimientos, es una singularidad: el origen de la vida podría estar en la luz (https://www.europapress.es/ciencia/laboratorio/noticia-sal-comun-pudo-ser-crucial-origen-vida-20181130175014.html). La fuente y renovación de lo existente (el denominado Cosmos como pluralidad) es la dispersión aleatoria; y la luz, el fotón específicamente, es uno de sus elementos dinámicos y organizadores. Pero el fotón tiene dos cargas internas que es lo que le hace ser dinámico hasta alcanzar la velocidad de la luz, esas dos cargas, su actividad eléctrica y magnética, es la que produce una dispersión constante en el fotón y permite su movimiento; es decir, el movimiento entre cargas es lo que mantiene al fotón en la dispersión aleatoria suficiente como para no tener simultaneidad más que de forma dinámica y no singularizarse de forma concreta o material (masa) sino como dinamismo. Los fotones, sin la restricción de otros movimientos como son las partículas aleatorias, tendría una velocidad infinita y no serían posibles las singularidades. Esto indica que el infinito es una posibilidad más concreta de lo que se piensa. Que el "espacio cósmico" se mueva en expansión más rápido que la luz señala directamente a la noción de "infinito" y abre las vías a una comprensión diferente del Cosmos al margen de la teoría del big bang y la metafísica de la totalidad. Toda totalidad es holística porque una totalidad abierta es una incongruencia, ¿dónde están los límites en las reverberaciones?, ¿qué es lo que hay más allá de la totalidad?; pensar una totalidad abierta es una incongruencia. Una totalidad es lo contrario del infinito. Como el espacio no es un vacío absoluto, la luz interpretada como onda electromagnética tiene restricciones en su dinámica, pero si no tuviera estas limitaciones materiales se movería con simetría con respecto a la expansión cósmica, que no es simétrica ni unidireccional sino que es dispersión constante. El Cosmos es una configuración de la infinitud de abismos cuya dispersión aleatoria en forma de movimientos es capaz de configurar redes de redes de movimientos, es decir, singularidades. La singularidad oscura podría ser un espacio de luz materializada (axión) donde la luz no materializada (fotón) alcanza velocidad infinita y entrelaza con zonas del Cosmos donde la expansión es infinita: estas zonas pueden ser denominadas "abismos con dimensiones infinitas intrínsecas en forma de entrelazamiento" y ser la posibilidad asimétrica del resto de las singularidades, es decir, lo que los físicos denominan antigravedad. La singularidad oscura tal vez no sea más que la carga invertida de las demás singularidades (esto es especulación), que en red de redes de movimientos interiorice una dispersión intrínseca; esa dispersión intrínseca es la que configura la interferencia respecto a sí misma, de ahí también los efectos y los comportamientos asimétricos de la singularidad oscura. La singularidad oscura puede ser la dispersión ampliada de la propia red de movimientos que configura la propia singularidad (una galaxia, por ejemplo), es decir, que también podría poseer dos cargas eléctricas. Todas las singularidades poseen dos cargas, lo que ocurre es que una de ellas equilibra, o retiene, o restringe a la otra; de otro modo todo estaría en dispersión y todo sería luz. "El negro es el verdadero rostro de la luz, sólo que no lo vemos" dijo Tesla, ¿por qué?

La aleatoriedad presupone siempre la convergencia en la divergencia, pero respetando siempre la amplitud, la dispersión. La aleatoriedad es el antisistema pero posibilita la organización, es la posibilidad del dinamismo perpetuo y la imposibilidad del totalitarismo tanto en ciencia como en política, de hecho, asimila ambas perspectivas, la del conocimiento como política y la política como conocimiento. La praxis material es el lugar de la acción, es la posibilidad de la orientación de la acción; y el espacio es la infinitud de los abismos como realidad aleatoria y posibilitante, siendo un espacio de libertad. La simultaneidad sería algo similar a la convergencia, no es una entidad absoluta pero tampoco el caos, es el equilibrio entre los movimientos, pero siempre configurado desde el desequilibrio que es la aleatoriedad. La aleatoriedad vemos, pues, que no es el caos, pero tampoco es un fundamento del orden sino la posibilidad del equilibrio o la dispersión, en definitiva, y desde una perspectiva concreta, es la acción de la pluralidad de movimientos.

La realidad en la que vivimos es más estable que la "dimensión cuántica" o la "dimensión macrocósmica" porque la dispersión de las redes es menor y la simultaneidad es mayor. Parece que, para que exista la vida y permanezca, es necesaria una gran concentración de singularidades; lo que conlleva una gran multiplicidad de redes de redes de movimientos. La vida no es algo especialmente específico, a no ser que consideremos la extensa e intensa simultaneidad de inmensas, diversas y múltiples redes de redes de movimientos como algo extraordinario.

La multiplicidad rebasa la totalización antropomórfica y se sitúa en una diversidad de espacios asimétricos en los que, internamente, pueden encontrarse formas de simetría y simultaneidad. Estos espacios que se caracterizan por la dispersión y la pluralidad de movimientos son los denominados "abismos".

El movimiento construye "redes". La red es el movimiento organizado desde sí mismo, sin director, sin fundamento, sin organizador; organización no implica sistema ni arquitectura; tampoco jerarquías. La aleatoriedad precede a la creación y el movimiento genera redes. Una red puede desarrollarse a partir de sí misma en una multiplicidad de movimientos, desde la dinámica de movimientos. ¿Qué es lo que genera la simultaneidad, la singularidad y la organización? La respuesta es la aleatoriedad junto con la dispersión. Pero ¿cómo es posible que se redupliquen las redes y con ello la simultaneidad, la singularidad y la organización?, porque la reduplicación de las redes implica la similitud por las trayectorias. Son las trayectorias de los movimientos lo que puede ser, o no, alterado. Si se alteran las trayectorias, esto es, los movimientos mismos, entonces aparece la dispersión y con ella, la aleatoriedad. La infinitud de los abismos no es una red, pero en su constante movimiento desarrolla infinitas redes, tanto en el "macrocosmos" como en el "microcosmos", los cuales son divisiones o fragmentaciones conceptuales. Las redes de redes de movimientos no configuran singularidades infinitas sino que configuran infinitamente singularidades, esto no supone que las redes sean limitadas sino que su simultaneidad supone un límite a su dispersión, el equilibrio entre movimientos, lo que ocasiona que las singularidades no sean lo suficientemente dispersas como para expandirse infinitamente o colapsar. Las redes no constituyen un sistema pero son la forma de la organización. La aleatoriedad precede a las redes de redes de movimientos, pero la aleatoriedad también es a posteriori con respecto a la red. El movimiento determina la red y las redes en su indeterminación, es decir, afirmar que el movimiento determina "algo" supone exponer la amplitud y la aleatoriedad. Ninguna red es una organización perfecta, eterna o perpetua dada su ausencia de determinación absoluta. Toda red, por lo tanto, es contingente. Nadie ni nada fundamenta u organiza una red porque se desarrolla a partir de la aleatoriedad. Podría parecer que todo es aleatorio, y en cierto modo así es, pero la aleatoriedad permite la reduplicación de las redes, y con ello, la simultaneidad, la singularidad y la simetría.

Las redes aleatorias

Hemos afirmado que el propio fundamento de una red es la propia red de redes de movimientos, por lo tanto el fundamento es inexistente (la aleatoriedad no es una entidad sino un proceso). Tampoco lo configura la totalidad de la red o la totalidad de las redes, porque dicha totalidad es una abstracción ideal. Hay, por lo tanto, en esta teoría, una ruptura con la ontología dialéctica: de la aleatoriedad en sí misma solamente se da "algo" aleatorio, no lo mejor de lo posible (Leibniz) ni ninguna singularidad absoluta. La aleatoriedad no es una entidad, un fundamento o un fetiche. Es la multiplicidad de movimientos lo que genera la aleatoriedad, la dispersión, las simultaneidades o las singularidades, no la aleatoriedad como un principio metafísico. La ética y la moral también son aspectos circunstanciales antropológicos, así como el conocimiento o la ciencia.

Si consideramos que el espacio y el tiempo son representaciones relacionales, parámetros subjetivos, en lugar de entidades o propiedades, la teoría clásica de la física y la ontología se derrumban; es por eso por lo que los físicos y los filósofos necesitan el concepto de totalidad. Sin la totalidad que fundamenta la existencia empírica del espacio y el tiempo, estos parámetros no tendrían más "realidad" que la que otorga la confrontación con la praxis. Considerado como una totalidad, el universo se expande si se mide la distancia entre galaxias y se utilizan también otros parámetros, pero si consideramos lo existente como una pluralidad, los diversos movimientos sólo explican diferentes movimientos, no la expansión de un Todo o de un universo. Para presuponer la expansión del universo es imprescindible la ideación metafísica de una totalidad y la constante cosmológica también debe ser presupuesta a priori. Esta constante ya no es definida dentro de un universo estático sino dinámico y se ha convertido en un presupuesto metafísico para dar validez, tanto a la teoría del big bang, como a la entidad *universo* concebido como un Todo.

Dentro del movimiento, lo que permite el equilibrio o la estabilidad es la pluralidad de movimientos, lo que significa que es el desequilibrio, la inestabilidad (no substantivada), lo que permite el equilibrio y la estabilidad (no substantivada). Dentro de la dimensión de la materia y la antimateria, de la partícula y la antipartícula, estaríamos comprobando que la estructura y la estabilidad son mantenidas y creadas por una antiestructura (no substantivada) e inestabilidad (no substantivada), es decir, por la aleatoriedad. Más allá de todo esto, desde perspectivas abismales, tal vez podríamos suponer que las inestabilidades y antifundamentos permiten la estabilidad y la organización, negando la posibilidad de un orden y un caos, al menos, absolutos. También sería posible pensar en una concatenación plural, incluso infinita, de estructuras y antiestructuras. Incluso más allá de todo esto, también se podría establecer una relación de existencia entre lo dinámico y lo infinito. Lo que es dinámico no se interpreta aquí como algo con límites sino como lo que deviene, como transformación, de ahí su relación con el infinito, que tampoco es comprendido como algo ilimitado en cuanto a su extensión o temporalidad sino en cuanto a su reduplicidad y dispersión, como la posibilidad del continuo, del devenir que nunca degenera en totalidad por su configuración múltiple y plural.

El discurso dialéctico se rebasa a sí mismo, no presuponiendo una dualidad sino anticipando la pluralidad de lo diverso, no la de los contrarios (Heráclito o Empédocles). Esta pluralidad se opone a la formalización o a la concreción de un ser, un fundamento, un Todo. Estamos tratando, por supuesto, de la infinitud de los abismos (https://www.amazon.es/infinitud-los-abismos-filosofia-amanecer-ebook/dp/B075MVP3L1/ref=la_B076K6BY3Y_1_6?s=books&ie=UTF8&qid=1548861439&sr=1-6).

Dinámica de redes

Habría otra forma de definir la materia y la energía, como ya se ha propuesto en este ensayo: la materia es un red de redes de movimientos ralentizados y simultáneos, mientras que la energía es una red de redes de movimientos en intensidad y dispersión. Se ve que no hay una contradicción u oposición entre materia y energía, son solamente configuraciones específicas de redes de redes de movimientos. Esta definición no es completa porque en todo objeto, por sólido que sea, hay dispersión, y en toda energía, por etérea y difusa que sea, hay simultaneidad. Es por esto que es muy difícil caracterizar lo que es energía o materia. Lo más probable es que sea una interpretación arbitraria. Tanto la materia como la energía son redes de redes de movimientos con mayor o menor dispersión, con mayor o menor simultaneidad. No importa la profundidad del abismo: la simultaneidad, y con ella, la singularidad, se mantienen o se dispersan, pero nunca de forma totalmente perenne o estática.

Lo que provoca un movimiento es otro movimiento, incluso si es un movimiento intrínseco el movimiento deviene de sí mismo. De esta forma se configuran, o no, redes de movimientos. Si no se configuran, entonces se mantiene la dispersión; si se configuran, entonces se da lugar a la simultaneidad, y con ello, a las singularidades. Las singularidades también configuran redes, pero nunca dejan de ser redes de redes de movimientos. Todo movimiento introducido en la red de redes, por ínfimo que sea, o por amplio, o intenso que sea, puede alterar o modificar la dinámica de redes, total o parcialmente. No es necesario que redes interaccionen para afectarse o modificarse. A veces, la no interacción modifica o altera la dinámica de otras redes, simplemente, no afectándolas.

No es la intensidad, necesariamente, lo que interfiere en una red o entre redes. La aleatoriedad se presenta como un factor (movimientos de movimientos) o en varios. También la disponibilidad de la red a ser alterada en sus múltiples movimientos (o en uno sólo de sus movimientos, pero que sea lo suficientemente relevante), es lo que permite la interferencia o la alteración. Lo asombroso de las redes es que, muchas veces, grandes interferencias no suponen ninguna alteración (o es mínima), e ínfimas interferencias suponen grandes alteraciones. Esto demuestra que la aleatoriedad puede ser modificada desde su origen, al carecer, precisamente, de origen. Una especie de orden en el caos, aún sabiendo que no hay orden ni caos, tan sólo pluralidad y aleatoriedad.

Sin interferencia, la red no se modifica a no ser que la interferencia proceda de ella misma. Al no haber límites, esto significa que la red de redes de movimientos, que configura una simultaneidad o una singularidad, sufre alguna modificación en las trayectorias de algún o algunos movimientos. Desde esto se demuestra la ausencia de fundamentación de las redes. Las redes se configuran desde ellas mismas, y sus interferencias "externas", en su propia configuración, desde sus movimientos con sus trayectorias simétricas o asimétricas, la cual nunca es absoluta debido a su constante dinamismo. Si el dinamismo es constante, entonces, lo único constante es la dinámica, esto es, el movimiento. La racionalidad, por lo tanto, se mueve y desarrolla en la aleatoriedad. Pensar parece ser, entre otras cosas, una dinámica de movimientos organizada por medio de trayectorias simétricas o asimétricas que configuran redes. En el pensamiento también habita la dispersión y la aleatoriedad, sin ellas no sería posible la organización. El pensamiento puede ser en imágenes u otras configuraciones, no es asimilable al lenguaje más que parcialmente. El lenguaje es una red de redes, aunque en su origen no estaba organizado de forma tan rígida y estricta a como lo está en la actualidad. A pesar de ello, el lenguaje sigue su dinámica, es algo vivo. El lenguaje es una red de redes, pero no atrapa la realidad ni la describe sino que la interpreta. El problema es que la realidad es tan plural, dinámica y abismal que escapa al lenguaje y sus redes. El lenguaje puede tan sólo estetificar, esto es, racionalizar e interpretar la realidad, no totalmente o parcialmente, sino que utiliza parámetros y metáforas. La verdad sólo puede verse, de esta forma, desde la perspectiva antropológica, que no es una circunstancia absoluta sino parcial y dinámica, y descansa en la praxis como corroboración. La verdad como correspondencia lógica, empírica o evidencial, es una verdad abstracta e idealista.

El principio del materialismo dialéctico que afirma que "somos nosotros mismos y al mismo tiempo diferentes" cobra aquí coherencia, ya que como red de redes dinámica nos reduplicamos con similares o diferentes trayectorias para seguir siendo los mismos y cambiar, es decir, para ser diferentes. La diferencia no es sólo cualitativa sino también cuantitativa. Sin la dinámica que nos destruye y a la vez nos regenera no podríamos seguir existiendo, no seríamos redes de redes de movimiento, una singularidad en la pluralidad que nos constituye o nos configura. El término existencia adquiere un sentido distinto al que la filosofía tradicional le ha otorgado, ahora se interpreta como simultaneidad dinámica y no como "ser arrojado o creado", no como ser en sí mismo o como dasein, sino como singularidad dinámica, tanto en transformación como transformadora. La descripción del ser humano, desde este punto de vista, es parcial, solamente es reductible desde la perspectiva de la física o la biología, o de la ontología. El ser humano es irreductible, su ámbito transciende lo meramente existencial, físico o biológico. Interpretar al ser humano al margen de su contexto social y cultural, desde sus propias circunstancias antropológicas, es una falta de honradez. Los totalitarismos se han servido siempre de las interpretaciones metafísicas, biologistas, religiosas o científicas. Este ensayo es también un intento de superar esta lacra.

No hay una dualidad mente/cuerpo o espíritu/materia, lo que hay es una pluralidad orgánica, eso es el cuerpo. El cuerpo es una multiplicidad organizada a través de redes dinámicas. Estas redes las forman las células de diversos tipos, pero también moléculas, átomos, partículas..., y las mismas redes forman redes de redes, dando lugar al organismo o red de órganos que es el cuerpo. El ser humano es algo dinámico, y por dinámico, irreducible. La singularidad del cuerpo no se reduce a su constitución biológica, red de redes son también el entorno social y cultural, los hábitos, costumbres y la vida del individuo. El individuo no es una entidad biológica ni física, es una construcción social, pero por social, no menos real. Vemos, pues, que la pluralidad y la multiplicidad se encuentran alrededor y en todas partes, sin que ello suponga un orden unitario, la necesidad de establecer ese orden, y sin que tampoco suponga un caos. En el denominado "universo" se forman y descomponen también formas de redes como los sistemas solares, los planetas y las galaxias. Redes son también los ecosistemas. La multiplicidad es dispersa y difusa, pero no por ello caótica; se compone de movimientos que se organizan y descomponen en un flujo constante, es por eso por lo que las redes son configuraciones desde la pluralidad y los movimientos. Esta interpretación rebasa las descripciones subjetivistas y objetivistas, reintegra la racionalidad con la praxis, no en una forma monista, unitaria o identitaria, sino dinámica y plural. Supone un retorno a la vida concreta, al individuo concreto, que no por fugaces y aleatorios son menos relevantes. Contra las filosofías arquitectónicas, contra los sistemas y las jerarquías, se encuentra esta filosofía orgánica de redes de movimientos.

Según el diccionario de la RAE, la palabra aleatorio-ria significa: *que depende del azar o no sigue una pauta definida*. Nos quedaremos con la segunda definición. La aleatoriedad no es el azar porque es un proceso aleatorio: proceso cuyo resultado es impredecible, excepto en forma de probabilidad. Aleatorio no es lo contrario de simultáneo, el antónimo de simultáneo es alterno. Simultáneo no es exactamente lo mismo que sincronizado, lo que se ha estado confundiendo en la interpretación espacio/temporal en la teoría de la relatividad. Simultáneo en nuestra interpretación es sinónimo de *contenido* (como la contención de una partícula por otra, es decir, la contención de un movimiento por otro, o por la acción de ambos), y disperso es sinónimo de *irradiado* en nuestra interpretación. Aleatorio es aquello que no sigue una pauta definida, no sigue una pauta definida, pero sí sigue una pauta, aunque no sigue definida. Al no ser definida su pauta, esta contiene la posibilidad de desarrollarse hasta el infinito. Sólo lo que puede interferir (contener) provoca una ruptura en esta pauta indefinida de la aleatoriedad, es decir, el movimiento o los movimientos que provocan una o varias simultaneidades. Cuando algo no se encuentra en simultaneidad, entonces se encuentra en estado aleatorio, el estado aleatorio contiene, a su vez, dispersión. El estado aleatorio contiene aleatoriedad pero también contiene dispersión, esto no significa que dispersión y aleatoriedad sean recíprocas necesariamente, un movimiento se puede mantener en simultaneidad y pasar a un estado aleatorio.

La aleatoriedad (en la espuma cuántica), en la teoría del movimiento, viene dada por 0= antipartícula y 1=partícula, entendiendo antipartícula como movimiento en dispersión y partícula como movimiento con movimiento intrínseco, es decir, simultaneidad. La simultaneidad vemos, pues, que puede darse como movimiento intrínseco y como aleatoriedad con pauta definida a posteriori, es decir, cuando la aleatoriedad se define en una pauta aparece la simultaneidad; cuando no se define, aparece la dispersión. Las partículas, como movimientos que son, tienen la propiedad de configurarse como aleatoriedad, dispersión o simultaneidad, pero la simultaneidad siempre es la dispersión contenida (acotada) y puede ser intrínseca o extrínseca o ambas. El fotón contiene una alternancia (dispersión) interna constante por lo que es una simultaneidad dinámica y la cuantización de la luz viene dada por la alternancia partícula-onda (singularidad dinámica = movimiento-alternancia = simultaneidad-dispersión = partícula-onda), por la que el fotón interacciona. El fotón se mantiene, por esta alternancia aleatoria en dispersión: su alternancia, su aleatoriedad, es tanto extrínseca como intrínseca, pero de forma intrínseca configura simultaneidad y de forma extrínseca configura dispersión (de ahí la dualidad onda-partícula).

Todo movimiento tiene la posibilidad de estar en simultaneidad o en dispersión, atendiendo a su interacción respecto a la espuma cuántica en este caso específico. Esta interacción puede ser simultánea 010101010101010101... o dispersa: 000000000... En el primer caso es instantánea y fraccionada, pero es fraccionada por la interacción antipartícula-partícula, por fragmentos instantáneos; en el segundo caso es progresiva de tendencia al infinito (el infinito no es el vacío sino la inversión del movimiento que es la antipartícula, en este caso). La interacción simultánea se produce por la alternancia / 1-0=x-0=1-0=x-0=1-0=x-0=1-0=x-0=1.... Según se encuentra un movimiento en simultaneidad (siempre con interacción con otros movimientos, un movimiento solo no puede encontrarse en simultaneidad excepto si se encuentra en simultaneidad *intrínseca*), es posible el entrelazamiento cuántico si amplia la ausencia de interferencia en esa *espuma cuántica* (010101010101010101...) Si se produce una asimilación entre movimientos (una interacción simultánea), entonces hay singularidad 111111111... La singularidad es la anulación de la distancia por la simetría de trayectorias de movimientos. El entrelazamiento cuántico 1⌐0=1⌐0=1⌐0=1⌐0=1⌐0=1... es una forma de simultaneidad entre movimientos y de movimientos que anula la distancia porque también transciende los intervalos a través de los intervalos.

El entrelazamiento anula las antipartículas, que no son el vacío pero hacen su función, y de este modo anula la distancia produciendo simultaneidad, y con ella, singularidad. ¿Cómo lo hace?, por medio de la interacción débil, que es tan débil que las antipartículas no la interfieren, es decir, no hacen de "obstáculo", anulando la distancia. Recordemos que partículas y antipartículas no son entidades sino movimientos.

Entrelazamiento cuántico

$$01—01—01—01—01—01—01—01—01—^1$$

Tal vez por eso decía Theodor Adorno que en música es tan importante el silencio como la música. Sin aleatoriedad no hay movimiento. La fórmula[1] de la dinámica responde a: partícula-antipartícula/intervalo. La línea secuencial que configura el intervalo de partícula-intervalo-partícula permite el entrelazamiento cuántico.

La fórmula es la siguiente:

$$01—01—01—01—01—01—01—01—01—^2$$

[2]— Intervalo se puede sustituir por x.

De lo que:

$$1'———————1''$$

porque:

$$0\neg1 \to \blacksquare \to 1$$

es decir:

$$01 = \text{---} = 01$$

Pero si:

$$01 \rightarrow \text{---} = y\text{---} \rightarrow \text{---}y = y \leftrightarrow y^3$$

[3] y es la partícula entrelazada (por eso no es x).

O:

$$01 \rightarrow x = yx \rightarrow xy = y \leftrightarrow y$$

Dinámica intrínseca

- La anulación continua de la carga por la anulación de movimientos por la acción de trayectorias de movimientos es el electrón. El número cuántico de momento angular es ½ (http://hyperphysics.phy-astr.gsu.edu/hbasees/spin.html) / (https://www.youtube.com/watch?v=JaZwliv9isQ) - minuto 16,32

$$\text{estructura (Pauli)} = S = +\text{-}h/2 \text{ (momento angular)}$$
$$\text{carga eléctrica} = -1 \text{ e}; -1.602\ 176\ 565(35) \times 10$$
$$\text{momento magnético} = -1.00115965218111\ \mu B$$

La estructura es dinámica, no es un espacio abstracto

S* electrón = >→←< = ₪ = - carga negativa

por eso el espín es = ½ o 0,5

* = espín   ₪ = movimientos con trayectorias opuestas   - = medio espín

Los **electrones** tienen **carga** negativa. Ambas **cargas,** la de los protones(positiva) y la de los **electrones**(negativa) son iguales, aunque de signo contrario. La **carga** eléctrica elemental es la del **electrón**. El **electrón** es la partícula elemental que lleva la menor **carga** eléctrica negativa que se puede aislar. (*www.etitudela.com/Electrotecnia*)

- La simultaneidad continua intrínseca de la trayectoria del movimiento configura la carga positiva y es el protón.

Carga del protón = 1 (1,6 × 10^{-19}C)

$$∴\rightarrow∴\rightarrow∴\rightarrow$$
Retroversum
---
movimiento continuo

El movimiento es extrínseco e intrínseco en los quarks ○

- La dispersión del movimiento intrínseco es la ausencia de carga, es la aleatoriedad: el neutrón.

La aleatoriedad no significa azar ni ausencia de movimiento, significa que la dispersión y la simultaneidad están contenidas pero no anuladas

$$u○\leftrightarrow d○\leftrightarrow d○\leftrightarrow$$
Retroversum
---
movimiento continuo

Fuera del núcleo atómico los neutrones son inestables, teniendo una vida media de 15 minutos (885,7 ± 0,8 s); cada neutrón libre se descompone en un electrón, un antineutrino y un protón = aleatoriedad, dispersión y simultaneidad

La interacción nuclear fuerte es responsable de mantener estables a los neutrones en los núcleos atómicos. Los neutrones son responsables de la estabilidad (equilibrio simultáneo) en los núcleos atómicos, excepto en el isótopo de hidrógeno que es muy inestable. El Tritio es altamente inestable.

- El fotón: El momento angular es el parámetro de la dinámica de una partícula, es un parámetro cinético. Los fotones se emiten, entre otros procesos, cuando se acelera una partícula con carga eléctrica y también, cuando se aniquila una partícula con su antipartícula. El fotón tiene espín 1.

https://estudiarfisica.com/2015/04/26/los-espines-del-electron-y-el-foton-el-experimento-stern-gerlach-y-la-polarizacion-de-la-luz/

Su momento angular se conserva en ausencia de movimientos (fuerzas) que interfieran. La fuerza electromagnética conserva el momento angular. Cuando un electrón emite un fotón, invierte su espín. Para que un electrón y un anti-electrón (positrón) formen un fotón es necesario que sus espines estén alineados (simetría) = trayectorias simultáneas con cargas opuestas.

El fotón no tiene masa ni carga, tampoco se desintegra de forma espontánea en el vacio. Su antipartícula es el mismo fotón. Los quarks tienen espín +½ o -½ pero su carga es variable, su carga eléctrica es una fracción de la carga eléctrica de un electrón que se considera unitaria. Si consideramos a los quarks como fracciones de movimiento, un movimiento muy disperso, entendemos que sean tan inestables, que sólo puedan existir interfiriendo entre sí, y que no se encuentren aislados. No hay cargas fraccionadas de partículas aisladas, los quarks no existen de forma aislada, al menos, que se haya comprobado. La masa del quark está en relación con la interacción entre quarks, no se obtiene de forma aislada.
https://astrojem.com/teorias/quarks.html

Los quarks pueden cambiar de tipo (sabor) por medio de la interacción débil, por lo que pueden cambiar de carga debido a que cada quark puede interaccionar con el bosón W y Z lo que permite que su sabor cambie. En el fotón la rotación continua del movimiento intrínseco (espín) provoca una dispersión constante y continua (dinámica), lo que provoca la alternancia de cargas (no es la carga lo que provoca el movimiento sino el movimiento lo que provoca las cargas). La dinámica, que es dispersión intrínseca en el fotón por trayectorias simultáneas, provoca la alternancia de cargas (aleatoriedad) que a la vez provoca dispersión intrínseca, de ahí que el fotón no se concrete como una singularidad completa, porque nunca se completa. Los quarks y los fotones se asemejan en que pueden formar singularidades dinámicas (redes), y también se asemejan en que no son singularidades completas: en el caso del quark porque son movimientos fragmentados o demasiado débiles como para formar simultaneidad intrínseca de forma aislada, y con ello, singularidad; y en el caso del fotón, sí puede tener simultaneidad intrínseca pero en dispersión, lo que le impide ser una singularidad completa. La simultaneidad intrínseca y dinámica del fotón le permite existir, pero puede ser alterada por la interferencia de otras partículas. Los fotones pueden configurar redes en dispersión y los quarks pueden configurar redes en simultaneidad.

Su espín 1 deriva de la alternancia entre sus cargas y su alternancia entre sus cargas deriva de su movimiento (rotación-dispersión-rotación-dispersión +-+-+-+-). Si suponemos que las cargas eléctricas no son entidades, las cargas aleatorias del fotón son producidas por el movimiento del espín, no es el espín o el movimiento del fotón producido por la alternancia de cargas. El movimiento intrínseco del fotón determina su carga alterna y su propio dinamismo, del mismo modo que los cuerpos para "electrizarse" tienen que ganar electrones, que son movimientos que configuran redes de redes de movimientos, en este caso, denominadas cargas eléctricas. La carga eléctrica no es una entidad, es una propiedad física que genera un campo electromagnético: https://www.edu.xunta.es/espazoAbalar/sites/espazoAbalar/files/datos/1464947843/contido/11_la_carga_elctrica.html

Un campo electromagnético es una red de redes de movimientos generado por la dispersión simétrica de las trayectorias simultáneas de los movimientos.

→∞→ el movimiento intrínseco del fotón tiende a infinito porque no es circular, es un movimiento en espiral, es decir, sin principio ni fin intrínsecos (mientras no sufra interferencia), y tiende a la dispersión.

Dinámica entre alternancia de cargas:
+o- =
dispersión permanente sólo interferida por otros movimientos (partículas) =

velocidad de la luz

La velocidad del fotón tiende a infinito, pero esto no se puede comprobar (de momento) porque el vacío absoluto tan sólo es una abstracción (no hay corroboración empírica de lo contrario).

LA NUEVA FILOSOFÍA

Dicen algunos antropólogos que los homo sapiens primitivos utilizaban el pensamiento intuitivo con más frecuencia que el pensamiento lógico o discursivo. Esto es así porque se encontraban en un mundo desconocido y con demasiada frecuencia hostil. Recurriremos, una vez más, a la metáfora de la habitación verde, pero ahora es una habitación donde nunca ha estado nadie y se encuentra sin luz, es decir, en una oscuridad completa. En esa habitación no se puede oír ni ver nada, las personas que entran en ella desconocen su tamaño, si tiene ventanas o muebles, tampoco saben dónde está la puerta. ¿Qué harían entonces para orientarse?, pues utilizar el pensamiento intuitivo, es decir, la intuición. Está demostrado que lo primero que hacen las personas cuando no tienen mapas o herramientas para orientarse es utilizar la intuición; cuando se está perdido, ya sea en la niebla o entre las arenas de un desierto, se anda en círculos, sobre todo en la oscuridad; en las grandes distancias, sin embargo, la determinación de andar en círculo viene determinada por la fuerza o la asimetría de la zancada, lo que demuestra que la intuición no va, necesariamente, acompañada de parámetros o leyes exactas. Caminar en círculos provoca una sensación de seguridad pero también sirve para crear parámetros. Los parámetros no están en la realidad, las matemáticas no están en la realidad, son sólo eso: *parámetros*; y la mente crea relaciones entre esos parámetros para describir e interpretar la realidad del entorno. Esas relaciones son parámetros en base a la percepción y la creación de parámetros, lo que denominamos: *metáforas intuitivas*. Las metáforas intuitivas son la base del pensamiento racional. Las personas encerradas en esa habitación oscura crearían una imagen mental es su cerebro para orientarse (simulación), mientras intentan palpar las paredes para determinar las proporciones del espacio donde se encuentran. La representación empírica parte desde la intuición, desde la figuración intuitiva. Al ir explorando los objetos de la habitación aparecen las imágenes mentales, y una vez recorrido el espacio y palpado todos los objetos, la mente crea una representación alegórica. Si disponemos de cerillas o alguna pequeña linterna, podremos ver y percibir parte de la habitación y los objetos si dicha habitación es demasiado grande. Nuestra percepción está limitada a como nuestros sentidos (https://www.youtube.com/watch?v=PgxukkfFYxA minuto +16,37, 31,22), con ayuda de instrumentos y tecnología, perciben. Con la percepción de objetos y la representación mental de las proporciones, la representación alegórica se refuerza. La persona encerrada en esa habitación oscura crea una imagen mental en su cerebro para orientarse, según vaya chocando con muebles y recorriendo la habitación, la imagen mental va tomando formas diferentes y complejas sobre la misma estructura, y comienza a distinguir los objetos y las dimensiones, es decir, la geometría de la habitación. Cuanto más concreto es el conocimiento, más real es. Este tipo de pensamiento es cada vez menos común en la ciencia, cuyas metáforas intuitivas constituyen arquetipos y derivan en mitos. En la filosofía también predomina el pensamiento lógico sobre el intuitivo, pero esto responde a una falsa adaptación al entorno sociocultural. La ciencia o la filosofía que se toma por concluyente, en posesión de una verdad concluyente, contiene el error de olvidar el origen del conocimiento, que no es lógico sino intuitivo y concreto.

Algunos pensadores positivistas y filósofos del lenguaje, como Alfred Jules Ayer, han afirmado que la metafísica no es conocimiento. Kant considera que la metafísica da estructura al conocimiento, es la estructura mental sobre la que se asienta el conocimiento. Sin el pensamiento intuitivo no habría conocimiento, pero al ampliarse el campo de las experiencias, de los conocimientos del entorno, parece que la ciencia ya puede conocerlo todo mediante analogías y experimentos. Esto no es del todo cierto porque la ciencia se sigue estructurando y apoyando en el conocimiento intuitivo de la metafísica. La ciencia está fundamentada en la metafísica. La forma de conocer de la ciencia se basa en una interpretación del lenguaje y la percepción, pero esa idea o arquetipo de conocimiento no la creó la ciencia sino filósofos que eran metafísicos, cuya base y estructura del conocimiento era metafísica o se apoyaba indirectamente en ella, como Descartes o Kant; sin embargo, hay que reconocer que en ambos pensadores se encuentra el principio antropológico, *el giro antropológico*, son su precursores. Observando los problemas que contiene la metafísica podemos llegar a elaborar otra forma de conocimiento, o reinterpretar el existente.

Teoría de cuerdas

La teoría de cuerdas es un modelo de la física teórica que se basa, fundamentalmente, en que las partículas elementales no son tan elementales y se componen de "cuerdas" que vibran. La acción de la vibración de esas cuerdas es lo que determina la configuración de la partícula. Los distintos modos de vibración de cada cuerda generan la partícula y determinan su masa (la energía en la vibración de una cuerda determina su masa), o su carga. Para la consistencia de la hipótesis sobre la existencia de las cuerdas, era necesario dividir la estructura espacio/temporal, las tres dimensiones y la cuarta (que explica el electromagnetismo, entre otras cosas), en más dimensiones, hasta el número de 26. Las dimensiones no las podemos percibir porque son muy pequeñas y no hay tecnología lo suficientemente desarrollada como para percibirlas. Con respecto a la cuarta dimensión, es una dimensión "envolvente" de las otras tres dimensiones, el tiempo que configura el espacio/tiempo y sólo tiene una dirección hacia el futuro (Teoría general de la relatividad). La gravedad es explicada por la geometría de las cuatro dimensiones, que actúa como una "red" flexible que genera dicho efecto, el efecto geométrico ocasiona el efecto gravitatorio. Lo mismo ocurre con la teoría de cuerdas, la geometría de las cuerdas es lo que determina su viabilidad, de ahí que cuatro dimensiones no basten, sino que fuera necesario añadir muchas más, eso sí, todas pequeñas, microcósmicas y compactas, por eso no podemos percibirlas. La dimensión electromagnética, por ejemplo, no podemos verla pero sí observar sus efectos. Hacía los efectos es a donde se dirigía la corroboración empírica de la teoría de cuerdas. Como no se podían explicar todas las partículas por medio de esta teoría, en principio, se elaboró el concepto de supersimetría, que significa que a cada partícula le corresponde otra partícula como contrapartida. Esto permitía sustentar la estructura de las cuerdas sin que se derrumbase, así como reducir las dimensiones de 26 a 10. A esta hipótesis de partículas en simetría se le denomina supersimetría. Ante la imposibilidad de encontrar estas partículas simétricas, se observó la posibilidad de que su masa fuera inmensa. Una forma de vibrar de las cuerdas daría lugar a la partícula "gravitón", origen de la gravedad a escala cuántica. Esa forma de vibrar o de configurarse la cuerda, en este caso, una cuerda cerrada sobre sí misma, daría lugar al gravitón. Como la acción de las otras cuerdas y el gravitón son incompatibles, se ha de introducir otras dimensiones para la consistencia de la teoría. También se introdujo la existencia de "branas", que derivan de la palabra "membrana", y son entidades físicas que configuran dimensiones espaciales (de nuevo con la geometría). Las cuerdas son bidimensionales mientras que las branas son de tres dimensiones o más. Las cuerdas abiertas se encuentran conectadas entre branas o en la misma brana. El tamaño de las branas puede ser tan grande como "nuestro universo". Las branas están contenidas en un espacio más grande denominado "bulk", y las otras branas podrían ser otros universos (de aquí también se extrae la hipótesis del multiverso). La hipótesis de las branas intenta explicar la gravedad e incluso el big bang. La gravedad en el universo se produciría por la contención de lo que hay en el interior de la brana, y el big bang por el choque entre branas, lo que causaría una gran producción de energía: la suficiente para producir un universo contenido en una brana. Ante tanta controversia, la teoría de cuerdas se dividió y subdividó en modelos, por lo que no hay una teoría de cuerdas sino muchas teorías de cuerdas, aunque Edward Witten explicó que todas las teorías eran convergentes en una teoría más general a la que denominó "M", por ser teorías parciales.

Las cuerdas tienen proporciones tan extremadamente pequeñas que la tecnología no permite percibirlas. Para que, en su paradigma, puedan ser introducidas las partículas elementales, es necesaria la supersimetría. Las partículas, recordemos, son una forma de vibración de las cuerdas. En la teoría de las redes de movimientos, la simetría no la producen las partículas sino la actividad de dichas partículas como redes de movimientos. Se observa que, como la simetría no es perceptible, ello supone que la Naturaleza ha roto dicha simetría y que las partículas "supersimétricas" son de masa muy elevada. Esto supondría partir de un orden primigenio de simetría, pero, tal vez, la simetría no sea una propiedad ni un estado sino tan sólo un parámetro. Lo importante no es la simetría en la hipótesis de las redes sino las simultaneidades que pueden crear singularidades asimétricas, simétricas, o ambas. La teoría de cuerdas se podría denominar también "geometría o arquitectura de cuerdas". Con la introducción de la supersimetría, las dimensiones para la consistencia de esta teoría se reducen a diez. La supersimetría es una formalización para dar consistencia a la teoría de cuerdas. Es imposible que una red carezca de movimientos: si los movimientos de una red colapsan, entonces se dispersan recuperando la aleatoriedad. La formación de "formalidades metafísicas" viene dada por la imposibilidad práctica y empírica de corroborar el desarrollo de unidades físicas, semánticas y ontológicas, como la totalidad o la fundamentación. *"Entre las superticiones que nos liberamos mediante el abandono de la metafísica figura la de la concepción de que es misión del filósofo la de construir un sistema deductivo. Al rechazar esta concepción no estamos, naturalmente, sugiriendo que el filósofo pueda prescindir del razonamiento deductivo. Simplemente estamos discutiendo su derecho a proponer ciertos primeros principios y a ofrecerlos luego, con sus consecuencias, como un cuadro completo de la realidad. (…) las leyes de la naturaleza, si no son simples definiciones, son, sencillamente, hipótesis que pueden ser refutadas por la experiencia. Y, en realidad, nunca ha sido costumbre de los constructores de sistemas de filosofía la de elegir las generalizaciones inductivas para sus premisas. Considerando tales generalizaciones, correctamente, como simples probables, las subordinan a principios que ellos creen que son lógicamente ciertos.(...) no podemos deducir todo nuestro conocimiento de primeros principios; de modo que quienes afirman que la función de la filosofía es la de llevar a cabo tal deducción, están negando la pretensión de la filosofía de ser una auténtica rama del conocimiento.(...) Nos hallamos en condiciones de ver que la función de la filosofía es enteramente crítica (…) la labor del filósofo es la de probar la validez de nuestras hipótesis científicas(...) podemos esperar del filósofo que nos demuestre lo que nosotros aceptamos que constituye una suficiente evidencia de la verdad de toda proposición empírica dada. Pero si la evidencia se presenta, o no, es en cada caso, una cuestión puramente empírica. (…). Lo que justifica un procedimiento científico..., es el éxito de las predicciones a que da origen, y esto solamente puede determinarse en la experiencia real. Por sí mismo, el análisis de un principio sintético no nos dice nada, en absoluto, acerca de su verdad.(...). La validez del método analítico no depende de ninguna presuposición empírica y, mucho menos, metafísica-acerca de la naturaleza de las cosas.(...) De ello se sigue que la filosofía no compite, en modo alguno, con la ciencia. La diferencia de género entre las proposiciones filosóficas y las científicas es tal que no es concebible que puedan contradecirse las unas a las otras. Y esto aclara que la posibilidad del análisis filosófico es independiente de todo supuesto metafísico. Porque es absurdo suponer que la provisión de definiciones y el estudio de sus consecuencias formales impliquen la desatinada afirmación de que el mundo está compuesto de partículas simples, o cualquier otro dogma metafísico"* (Ayer, op. Cit. pp. 22-33). Ante la imposible confirmación en la realidad de este desarrollo, la verdad y el fundamento se formalizan, se abstraen. Este proceso de iniciación metafísica también puede observarse en la teoría de cuerdas. En la teoría de redes, los movimientos y las redes de movimientos no se conciben como partículas, ni como estructuras, sino como aleatoriedad, dispersión y simultaneidad; lo que posibilita o no singularidades pero no estructuras idénticas, y mucho menos supersimétricas; por el contrario, se desarrollan multiplicidades. Esto significa que no hay estructuras originales idénticas en esta teoría sino pluralidad de movimientos en circunstancias abismales. Los abismos no son una entidad sino una circunstancia. La existencia tiene dimensiones, pero han de ser entendidas como pluralidad no como entidades físicas u ontológicas.

Todas las cosas se mueven. ¿Qué son las cosas? Al margen de las teorías esencialistas y de la fenomenología, las cosas se pueden interpretar como movimientos, más aún, como redes de redes de movimientos que configuran singularidades. Una singularidad es algo semejante, una red de redes semejante, en simetría o no, pero sí en simultaneidad. La semejanza no es formal sino dinámica y concreta, del mismo modo que la simultaneidad nunca es absoluta sino dinámica y concreta. La simultaneidad no es tanto temporal como dinámica y concreta, nunca absoluta, y por no ser absoluta no es abstracta, al menos, internamente.

Red de redes de movimientos

Puede configurarse de tres modos:

1) por acción de movimientos externa
2) por acción de movimientos interna
3) por acción de movimientos interna y externa

---

simultaneidad → singularidad

La ontología como materialismo

La teoría de la materia ontológica general establece una ontología como gnoseología, por lo tanto, no es totalmente ajena al positivismo, al cual incluye en el cierre categorial. La ontología general materialista trata de la materia en un sentido óntico general, pero evita la noción de ser para establecerse, paradójicamente, como filosofía del ser, al excluir la concreción antropológica, cultural y social (también el escepticismo racional), algo muy propio de la filosofía académica que no se ensucia con asuntos mundanos. La nueva élite del pensamiento transcendente ya está aquí, son los aristócratas del pensamiento transcendental, o los nuevos genios de la ética como filosofía primera. Si bien, la ontología materialista comprende la pluralidad sin determinación e infinita, negando el orden primigenio, universal, o el fundamento; y la idea de materia es irreductible, es la materia como algo irreductible. Este concepto asemeja a la voluntad de la filosofía de Schopenhauer o la voluntad de poder de Nietzsche pero no se deben mezclar hipótesis con fundamentos que en realidad no lo son. Hay veces que el ser deviene como patria y otras como océano, pero en todas ocasiones es sinónimo y semejanza de absoluto: lo absolutamente inmanente; de lo que se trata siempre, en el sentido filosófico pero también en el social y político, es de delimitar, o directamente, aniquilar la libertad. Esta ontología materialista es una metafísica antimetafísica, es el fundamento como antisistema, pero integrado en un sistema, es decir, como abstracción. Promueve en la práctica lo que niega en la teoría. Su impotencia no escapa del monismo como idea filosófica. Si, verdaderamente, se entiende la pluralidad, ésta no puede denominarse materia, y mucho menos establecer una ontología. Si nos declaramos aquí "materialistas", lo hacemos por nuestro carácter social, mundano, callejero incluso, y si se me permite: barriobajero.

No nos atemoriza la majestuosidad de las cátedras, por mucho brillo que extraigan de ellas los cráneos limitados de sus catedráticos. Somos materialistas desde lo concreto, desde la vía de servicio, desde la autovía, desde la concreción de nuestra vida concreta, y partimos de un materialismo que no cree en "la materia" substantivada o formalizada. Es un materialismo racional, escéptico y progresivo, en oposición a ese materialismo seudometafísico de cátedra que construye arquitecturas ontológicas. El reverso del idealismo es otro idealismo, nuestra crítica no procede del rencor sino desde nuestra perspectiva emancipadora, que no responde a otra cosa que a sí misma: la emancipación de la esclavitud.

El ser no deja de ser la aldea, la patria o el absoluto, aunque ahora se le denomine "materia" en lugar de "idea", aunque los principios éticos vengan a ocupar su lugar. Los malabarismos metafísicos lo único que consiguen es que olvidemos nuestros problemas reales. El punto de partida de una filosofía materialista es la praxis, tal como estableció Karl Marx, que es el pensador que desarrolló, partiendo de Feuerbach, el materialismo filosófico moderno. La base no es dialéctica ni ontológica, es práctica, se refiere a la vida concreta de las sociedades y los seres humanos, por eso Marx y Engels afirmaban que su única ciencia es la ciencia de la historia. La esencia humana es el conjunto de las relaciones sociales, no el ser ni la materia. La historia manifiesta tanto la interpretación como el continuo de la materia, esto es, la praxis, y no se corresponde con ningún principio o idea, como muestra la crítica a la filosofía de Hegel. La historia se refiere a la historia humana o a la historia natural pero siempre desde una perspectiva humana, de ahí el establecimiento del principio antropológico en oposición al principio antrópico. Desde el punto de vista de la ontología materialista todo es metafísico, como crítica a la metafísica misma, al esencialismo y al substancialismo, porque no comprende la racionalización como estetificación; la filosofía y el conocimiento como interpretación no evidencial ni positiva sino práctica, vital, material, concreta: como teoría y praxis, como estetificación y práctica.

"La realidad o irrealidad del pensamiento es un problema meramente escolástico, la verdad se demuestra en la praxis, esto es, la terrenalidad de su pensamiento"; esto no lo incluye ni lo comprende la ontología materialista, por eso deviene escolástica, al margen de que su apuesta por la pluralidad queda vacía de contenido, como toda filosofía académica adicta al sistema.

Teoría de la gran unificación

La física necesita la hipótesis de la supersimetría para que exista la posibilidad de existencia de partículas supersimétricas, y con ello, la materia oscura. Toda esta arquitectura, o atajo, es necesaria para dar soporte a la teoría de la relatividad, a la teoría del Todo, a la física y la cosmología en sí mismas. La ausencia de corroboración empírica de las teorías matemáticas provoca que las hipótesis y teorías se sucedan unas a otras, lo cual no es algo preocupante, ya que la diversidad es algo bueno: es riqueza.

El espín es definido como una propiedad física de las partículas elementales, como un momento cinético de una partícula o sistema de partículas. Aunque sea un movimiento intrínseco, constituye una particularidad, ¿cuáles son sus efectos?, ¿es el espín el factor de densidad, el generador de densidad de una partícula? ¿es la rotación la causa del momento magnético, es el momento magnético otra forma de movimiento? El momento magnético existe también para partículas sin carga como el fotón; entonces, en el fotón, ¿el movimiento intrínseco del espín deriva en cargas contrapuestas, en oposición, que dan lugar a energía?; en nuestra teoría de redes: ¿es la aleatoriedad intrínseca del fotón lo que da lugar a la dispersión en lugar de la simultaneidad y la simetría? ¿Es esta dispersión una forma de energía?, ¿es la energía?, ¿es la dispersión otra forma de formación de redes de redes en dispersión (energía)? En cambio, ¿el magnetismo surge no de la simetría sino de la simultaneidad de los espines de otras partículas diferentes del fotón? ¿No es esa actividad del espín lo que determina lo que es una partícula? La aleatoriedad precede a la formación de una partícula en caso de que la respuesta sea afirmativa. Si las partículas elementales carecen de estructura interna entonces su aleatoriedad es intrínseca, y es esa aleatoriedad la que configura las partículas con su dinámica. La aleatoriedad diverge en su desarrollo como dispersión o simultaneidad. Los movimientos presentan múltiples formas con múltiples trayectorias, de ahí el origen de la multiplicidad de singularidades. En este caso, habría muchas más fuerzas que las representadas: nuclear débil, nuclear fuerte, gravitatoria y electromagnética. La "materia" y "energía" "oscuras" serían otras fuerzas más, o posiblemente, multitud de fuerzas desarrolladas por redes de redes de movimientos en dispersión (redes dinámicas), en caso de no configurar singularidades. La dualidad entre materia y energía se centra en la posibilidad gravitatoria, la energía carece de esa "fuerza" o posibilidad al carecer (al no crear) de simultaneidad, sería dispersión desde la aleatoriedad, pero esa dispersión no es irrevocable, puede adquirir simultaneidad de forma aleatoria o inferida. La dualidad onda-partícula así lo demuestra. En esta teoría las partículas no son originariamente cuerdas ni puntos, son movimientos. La comprensión de las partículas y su actividad remiten a su disposición como redes de movimientos. El movimiento mismo es una simultaneidad dinámica que ocasiona dispersión cuando no se encuentra en aleatoriedad o en red de redes, pero también contiene la capacidad de configurar otras simultaneidades, que en red de redes de movimientos, origina singularidades. ¿Dónde está el origen entonces, dónde está el fundamento?, en ningún lugar, no hay tal origen ni tal fundamento. La multiplicidad es dinámica, por lo tanto, la pluralidad deviene de sí misma, a sí misma, pero no de forma simétrica ni simultanea en totalidad. Devenir no configura ser, no es la estructura del ser. No hay gran unificación porque no hay unidad, la teoría de redes rompe con la dialéctica entre el orden y el caos. La teoría de redes también rompe con la noción de universo estacionario y de universo dinámico unidireccional, pluridireccional o de expansión constante, de hecho, la teoría de redes rompe con el concepto de "universo" como totalidad. Por supuesto, también rompe con las determinaciones absolutas, y en este aspecto, también se relaciona con la teoría de la relatividad; dicha teoría no es exactamente relativista sino que va en contra de los absolutismos. Las determinaciones existen, pero siempre en su forma relativa. De esto podemos extraer conocimientos para nuestra vida concreta y nuestras sociedades. Podemos elaborar "la gran política". La interpretación de "la habitación donde te encuentras" determina tus posibilidades de acción, de ahí procede la dependencia o interferencia entre la política y la ciencia, mucho más entre la filosofía y la sociedad, aunque la "pretendida" neutralidad del establishment oculte esta circunstancia.

Equivalencias

$E=mc^2$, ésta es la fórmula de la equivalencia entre masa y energía en la teoría de la relatividad. Establece que la energía E es igual a la masa m multiplicada por la velocidad de la luz al cuadrado c^2. La consecuencia más importante de esta fórmula es que cualquier cuerpo (singularidad) por sólido que sea contiene energía en reposo; visto desde otra perspectiva: contiene dispersión o movimientos intrínsecos, es decir, aleatoriedad subordinada a la simultaneidad en dicho objeto, pero toda simultaneidad, o por esa consecuencia, es dinámica, por sólido que sea el objeto (singularidad). No contradecimos a Einstein si consideramos que ningún objeto (o singularidad) es estacionario de un modo absoluto, más bien, apuntalamos su teoría en ese aspecto. Describir no es exactamente conocer. La energía intrínseca equivale a su masa intrínseca, denominada por Einstein "en reposo". Cuando el objeto (singularidad) se mueve, tanto la energía como la masa equivalentes son mayores, aumentan. En la teoría de redes de movimientos, esto equivaldría a que la singularidad posee dispersión intrínseca que configura la aleatoriedad, pero está contenida por la simultaneidad. La dispersión intrínseca marca el carácter perecedero, más bien, dinámico, de toda singularidad. Hay algo, sin embargo, que parece subvertir esta hipótesis: el fotón. El fotón no tiene masa, ¿eso significa que no es energía, que no tiene equivalencia su masa con energía por lo cual no tiene ni masa ni energía? Existen muchos argumentos para explicar por qué el fotón tiene energía pero no masa, tal vez el más sencillo es que la velocidad (dispersión del movimiento de la red de redes de movimientos que es la partícula "fotón) es tan inmensa que la masa queda reconvertida (vertida en sentido intrínseco), deviene energía en una constante; esa constante es la velocidad de la luz, que en realidad no es constante (es una constante provisional) porque no existe en un espacio absolutamente vacío. La incógnita es: ¿por qué entonces la luz es atrapada en un agujero negro si los fotones carecen de masa? Aún podemos preguntar más: ¿la gravedad viene determinada o configurada por la masa o es cuestión de energía?, ¿no será posible que la gravedad (como energía cinética) esté relacionada con la dinámica de redes? Parece ser que la energía intrínseca no equivale a energía en reposo, esto sería una incongruencia dentro de la teoría de redes. Ni la masa ni la energía dejan de ser dinámicas, tanto la masa como la energía son parámetros y no entidades dentro de la teoría de redes, porque tanto la simultaneidad como la dispersión son procesos de movimientos, trayectorias de movimientos que configuran o no redes de redes de movimientos. El fotón no tiene masa porque es dispersión y en cuanto adquiere masa (como simultaneidad) deja de ser un fotón, se convierte en simultaneidad (completa). La trayectoria del fotón es aleatoria, a no ser que algo interfiera en ella. A pesar de su dispersión, el fotón contiene una aleatoriedad intrínseca. No es esa aleatoriedad intrínseca la que puede ser modificada sino la trayectoria del fotón, siendo resultante y posible una organización de trayectorias, lo que nosotros, los humanos, denominamos "información". Si el movimiento del fotón genera campos magnéticos y eléctricos en equivalencia, no es determinante, ya que los campos no son delimitados de forma absoluta sino que son redes de redes de movimientos que interfieren e interactúan, provocando la actividad del fotón. El hecho de que la energía esté cuantizada no es derivado de que la energía sea equivalente a la masa sino de las configuraciones de los movimientos, en redes o en dispersión, o en ambas. La masa se adquiere por la interacción entre partículas (el bosón de higgs), lo que equivale a decir que adquieren simultaneidad en sus trayectorias, los movimientos, de ahí la equivalencia entre masa y energía: la masa y la energía son configuraciones de movimientos que configuran, a su vez, redes de redes de movimientos. Cuando la dispersión en una aleatoriedad intrínseca "pura" es configurada, la partícula resultante no tiene masa y puede viajar a la velocidad de la luz, es decir, el fotón. Aunque la energía sea contenida, se puede interferir en su intensidad pero no necesariamente en su dispersión. Si los campos gravitacionales interfieren en el fotón, esto no es debido a que posea masa o no, sino a que las redes de redes de movimientos no tienen una delimitación absoluta sino que interfieren en otros movimientos, ya se encuentren en simultaneidad o en dispersión, es decir, tanto si se configuran en redes como si no. La velocidad es originada por la ausencia de interferencia entre trayectorias de movimientos o de redes de movimientos, es decir, es ocasionada por la dispersión o debilitamiento o ausencia de simultaneidad. Esta circunstancia puede ser generada de forma intrínseca en forma de red o en forma extrínseca en forma de fuerzas (dispersiones de movimientos o de redes de movimientos o de singularidades). La aleatoriedad es el principio del no principio. No es la masa o la ausencia de masa o la proporción de masa lo que determina la energía, la fuerza o la velocidad de un objeto (singularidad) sino su mayor o menor dispersión extrínseca o intrínseca, o su mayor o menor simultaneidad; es una circunstancia de movimientos, sus configuraciones y sus trayectorias, no de entidades. El origen de la denominada "gravedad" no es la masa ni la energía, al menos como entidades, sino el movimiento en configuración de simultaneidades o redes de redes de movimientos que configuran, a su vez, singularidades; por eso las singularidades tienen gravedad, independientemente de su magnitud. La gravedad entre singularidades consiste en la interferencia por la anulación entre distancias de redes de redes de movimientos, es decir, es posible anular la distancia como en el _entrelazamiento cuántico_. Al alterar la distancia se produce el entrelazamiento, por eso la gravedad es más débil al alejarse un cuerpo de otro, porque interfieren en menor magnitud las redes de redes de movimientos (partículas) en la dimensión gravitatoria; de hecho, la gravedad entre singularidades es una forma de entrelazamiento cuántico diferente del entrelazamiento entre ciertas partículas, no porque sea absolutamente diferente, sino porque no hay un aislamiento completo o absoluto, es decir, no existe un sólo entrelazamiento, en esta particularidad, sino múltiples entrelazamientos entre redes de redes de movimientos que posibilita que el Cosmos no sea uniforme, ni estático, ni caótico, ni total, entre otras cosas.

Los campos magnéticos, en principio, son redes en dispersión que configuran redes en simultaneidad. Todo campo magnético ejerce una interferencia en su entorno, "delimitada" por la acción de redes. Las funciones representan cantidades físicas, las funciones derivadas representan el cambio en esas cantidades y las ecuaciones diferenciales las relaciones entre estas funciones. Se utilizan ecuaciones diferenciales vectoriales para relacionar el campo magnético con el campo eléctrico, las denominadas "ecuaciones de Maxwell"; pero estas ecuaciones requieren de una acotación, una cierta constante, por lo que, tal vez, se podrían utilizar ecuaciones diferenciales parciales no lineales para describir el desarrollo de la aleatoriedad en las interacciones entre campos electromagnéticos. El electromagnetismo es conocido como "teoría de campos". De este desarrollo se extrae el denominado "campo tensorial" o campo electromagnético. La interacción electromagnética es la interacción entre partículas con carga eléctrica, la interacción electromagnética entre carga y campo eléctrico. La interacción electrostática es la interacción que actúa sobre singularidades (objetos en simultaneidad) y la interacción magnética que es la interacción entre cargas en movimiento de movimientos: ésto es la interacción electromagnética, es decir, campo (movimiento entre cargas) y singularidad (redes de redes de movimientos). La teoría del campo unificado pretende unificar las cuatro fuerzas "fundamentales" o campos. Si atendemos a que un campo es una red de redes de movimientos en singularidad porque la dispersión de los movimientos la ha configurado, cada campo (o fuerza) sería una red de redes de movimientos que divergen en su actividad; pero hemos visto que el campo eléctrico y el magnético configuran un sólo campo. Esto significa que las redes de redes de movimientos pueden configurar otras redes de redes de movimientos o dispersión; en este último caso se diferencian y singularizan las redes como campos singulares, pero en el caso anterior las redes se configuran como redes de redes de movimientos para configurar una "red" o un campo de redes de redes de movimientos, y esto parece ser posible como una "red" o un "campo" debido al entrelazamiento gravitatorio (https://ernestomataplata.me/conferencias/holografia-teoria-cuerdas/) en una dimensión gravitatoria. Einstein intentó generalizar su teoría general de la relatividad para desarrollar una hipótesis de un campo unificado entre el electromagnetismo y la fuerza gravitatoria. Si obviamos el espacio/tiempo como una "red" ya construida, como una dimensión unificada, podemos observar que la gravedad es una cuestión de redes de redes de movimientos y no de una dimensión entendida como una entidad, tal es el caso del espacio/tiempo. Hay que recordar que las redes se configuran en un perpetuo fluir, esto imposibilita, a la vez, un espacio/tiempo unidimensional pero posibilita una estabilidad en la inestabilidad, en el fluir constante de redes de redes de movimientos en perpetua configuración, en perpetua dispersión o simultaneidad, es decir, en perpetuo cambio. No es la explicación geométrica la que estamos utilizando sino la dinámica de la materia, comprendiendo que la materia es tan dinámica que no se corresponde con una entidad ni con un principio sino, precisamente, con un dinamismo nunca absoluto sino plural. La buscada "superfuerza" o campo unificado es la dimensión gravitacional configurada por el entrelazamiento gravitatorio de las singularidades, que recordemos, son redes de redes de movimientos en simultaneidad. Desde esta perspectiva, la gravedad no sería un efecto geométrico ni una fuerza misteriosa que atrae, sino una configuración de redes de redes de movimientos. Sólo observamos el efecto gravitacional porque no relacionamos las diferentes configuraciones entre singularidades, es decir, la convergencia teórica no es posible como correspondencia ni como evidencia sino como viabilidad práctica, en este caso. Hay una cierta porción de evidencia y correspondencia en el conocimiento, pero no lo es todo. No se pueden conocer las singularidades desintegrándolas (acelerador de partículas, por ejemplo), no se pueden conocer las redes rompiéndolas, pero si no se hubiera intentado ese camino no conoceríamos muchas partículas "elementales". Si se trata a las fuerzas como fuerzas y, al mismo tiempo, como interferencias espacio-temporales, se deriva de una estructura espacio/temporal. La inferencia en la estructura espacio/temporal es lo que ocasiona las fuerzas según la teoría de Einstein (al menos la fuerza gravitatoria). Esto supondría que la interferencia en las redes de redes de movimientos es sólo extrínseca, pero hemos venido explicando que toda interacción es tanto intrínseca como extrínseca porque las singularidades no son absolutas ni rígidamente condensadas, son redes de redes de movimientos; de otro modo no podrían interferirse de la forma como lo hacen. Todo objeto genera, o más bien, configura, una interacción en su entorno como explica Einstein; dependiendo de cómo sea esta interacción se desarrollará una fuerza (un estado de movimientos) u otro tipo de red de redes de movimientos. El alcance de la fuerza gravitatoria es mayor porque no es exactamente una fuerza o un campo sino una dimensión como red (dimensión) de redes (las otras fuerzas) de movimientos (las fuerzas en sí mismas e interaccionando). Las redes no sólo interactúan o interfieren entre sí, también son inclusivas y pueden desarrollarse de forma conjunta en singularidad (electromagnetismo, por ejemplo), lo que provoca la densidad o un aumento de la densidad; esto implica que las redes de redes de movimientos configuran de forma intrínseca la masa gravitatoria y la interacción del entrelazamiento gravitatorio configura la acción de la gravedad de forma extrínseca, y he aquí la relación entre las dos configuraciones de gravedad que forman una dimensión gravitatoria como red de redes de movimientos y demuestra que a mayor configuración intrínseca, mayor configuración extrínseca, es decir, que a mayor masa o gravitación intrínseca se corresponde mayor interacción gravitatoria extrínseca, y las fuerzas gravitatoria y electromagnética (hablando en términos positivistas) quedan relacionadas, que no unificadas, en una dimensión gravitatoria que es mayor o menor dependiendo de la magnitud o la intensidad de las redes de redes de movimientos que se configuren en ella. Hemos relacionado la equivalencia entre la masa y la energía anteriormente, más adelante, intentaremos relacionar las denominadas "fuerzas nuclear débil y nuclear fuerte". Esta explicación de la "gravedad" hace converger la dimensión arbitraria "cuántica" y la dimensión arbitraria "macrocósmica". La intensidad de esa "gravedad" varía según la dispersión y la trayectoria de los movimientos y las redes de redes de movimientos por ellos configuradas. El infinito no delimita nada, no es considerado aquí en su versión espacial o temporal sino aleatoria y dimensional. Puede ser muy poético, pero vivimos en el infinito. Las dimensiones no tienen por que ser espaciales o temporales o espacio/temporales sino configuradas por redes de redes de movimientos o dispersión o simultaneidades o aleatoriedad, o por todo eso en acción e interferencia. Si hablamos de multiplicidades y de pluralidad, entonces hablamos de infinito como negación de límites y fundamentos. Si un objeto alcanzara la velocidad de la luz adquiriría masa infinita; quizás esta hipótesis venga a confirmar la configuración del fotón como dispersión sin simultaneidad, o más bien, como una simultaneidad en proceso; la simultaneidad en determinados estados (como el láser) la configuran la interacción de trayectorias de fotones, no el fotón mismo, el cual posee una aleatoriedad intrínseca. Tal vez en el fotón se encuentren los tres estados: aleatoriedad, simultaneidad y dispersión; sería la única partícula conocida con esa configuración. Puede que esto explique la imposibilidad de los viajes en el tiempo, entre otras cosas, pero no la posibilidad de "los saltos observacionales en el "tiempo"", es decir, aunque suene a ciencia ficción, tal vez sea posible "viajar" en el "tiempo", es decir, a través de redes de redes de movimientos en sus diferentes trayectorias, con la interferencia de un fotón o de redes de fotones utilizado como información en la geometría de sus trayectorias. Esto no supondría alterar el flujo de las redes en simultaneidad sino tan sólo la observación. Si nada puede viajar más rápido que la velocidad de la luz es porque la luz, el fotón, es una partícula de aleatoriedad pura intrínseca, configuración que no poseen otras singularidades. Se podría decir, de hecho, que el fotón es una singularidad sin singularidad, es decir, como aleatoriedad intrínseca, como simultaneidad en proceso. El fotón por lo tanto, es una singularidad dinámica (nunca completa) porque "toda" su simultaneidad es dinámica y en eso se diferencia de otras singularidades o redes. Cuando un electrón cae de un estado de alta energía genera un fotón, el fotón es generado por la diferencia entre el estado alcanzado por el electrón en una órbita más alejada del núcleo del átomo, esa diferencia es la dispersión que configura el fotón, que es dispersión aleatoria. Cuando todos los electrones caen de un estado de alta energía, en simetría (en simultaneidad), se produce el láser; el láser es una singularidad (un objeto, aunque sea de energía), pero esa singularidad que es el láser no es producida por la simetría, la simetría es un efecto, una de las formas de la simultaneidad. El láser es producido por la simultaneidad, es decir, por la dispersión de las trayectorias que son las "diferencias" configurada como simultaneidad, esa simultaneidad configura la singularidad denominada láser. La simultaneidad, hay que recordar, no lo es como proceso temporal sino del fluir que puede coincidir o no con parámetros temporales exactos o divergentes; también cambian estos parámetros si la posición desde la que se mide es intrínseca. El movimiento mismo es una simultaneidad que puede estar y/o provocar los tres estados: simultaneidad, singularidad, aleatoriedad; en uno, en dos pero nunca en los tres: como aleatoriedad sólo se encuentra en ese estado mientras lo esté (tal vez, excepto en el fotón). La configuración de la singularidad "láser" procede de movimientos en dispersión no intrínsecos. Las singularidades no poseen algo como una esencia o "cosa en sí", o una partícula elemental que otorgue propiedad o entidad como singularidad. Toda singularidad es configurada a partir de movimientos y de redes de redes de movimientos. Por otra parte, viajar más rápido que la velocidad de la luz como simultaneidad tal vez sea posible si anulamos la distancia (entendida como interferencia por o de redes de redes de movimientos o trayectorias de otros movimientos); esto último también equivaldría a viajar en el tiempo pero no como objeto con masa sino como observación e información. Hay otra hipótesis sobre la ausencia de distancia, que no necesariamente es la simultaneidad o el vacío, sino la materialización de la luz, de los fotones en la energía electromagnética, que es lo suficientemente débil como para no interferir en determinados procesos y eliminar la interferencia que denominamos "distancia". La fórmula $E=mc^2$ puede ser o no aplicable al fotón, esto no altera la dinámica de redes ni la teoría, porque considera la masa y la energía como parámetros y no como entidades, conceptos o propiedades. La equivalencia entre masa y energía es un construcción teórica con aplicación experimental y práctica, pero siempre dentro de una realidad acotada, sin que eso imposibilite la interpretación de algo más general. Lo que genera el movimiento no es la masa ni la materia, ni la cantidad de materia contenida en un objeto, sino que el movimiento se genera por la aleatoriedad del mismo movimiento ocasionado por la interferencia intrínseca o extrínseca. La inercia, por otra parte, es la invariabilidad de las trayectorias, o la oposición de las trayectorias de los movimientos a ser dispersas en su actividad. El movimiento tiende a la dispersión o a la simultaneidad según la aleatoriedad o la interferencia, la cual no es ninguna ley, equivalencia, orden o fundamento. Las equivalencias responden a la interacción (simultaneidades) o dispersión de los movimientos, ya se desarrollen en simultaneidades o no, dependiendo de sus trayectorias. La materia no es que sea algo increado, estático o eterno; ni la energía ni la pluralidad, ni el agua ni la tierra ni los seres. Lo estático es algo figurado en nuestro entorno, no podemos apreciar algo distinto de la dinámica de movimientos, al menos en nuestras circunstancias actuales o pasadas. Eso no significa que esto no cambie algún día, desde luego. Ninguna teoría es absoluta o permanente; es irónico, pero esta última afirmación es compatible con la teoría de las redes de redes de movimientos.

Gravedad y agujeros negros

Algunos físicos denominan a determinadas fluctuaciones aleatorias "defectos topológicos". Los denominan "defectos" porque rompen la simetría; se piensa que causan cambios de estado en la materia "condensada". Las redes como singularidades en campos magnéticos (redes en dispersión que configuran redes en simultaneidad (electromagnetismo)) muestran que la materia no es espacio/tiempo condensado sino que tiene su propia singularidad (autonomía), pero ésta nunca es absoluta, interfiere con otras redes, lo que configura una dimensión gravitatoria. Por otro lado, nuestra perspectiva tampoco establece una estructura universal originada en la configuración de redes: no es la confluencia o simultaneidad de singularidades lo que da origen a la pluralidad sino los movimientos en dispersión o aleatoriedad lo que configura, que no origina, la pluralidad. Por otra parte, las singularidades no generan espacio/tiempo ni frecuencias, sino que su actividad es configurada, que no originada, por redes de redes de movimientos intrínsecas o extrínsecas; la frecuencia es la interacción a distancia en la dimensión gravitatoria, es decir, la acción del entrelazamiento gravitatorio que en su intensidad es mayor entre partículas (movimientos más singulares) que entre redes de redes de movimientos de mayor magnitud,
de ahí la diferencia entre frecuencias. A cada frecuencia le corresponde un movimiento o una red de movimientos, porque la frecuencia es un efecto, no una entidad; es un efecto de la acción entre redes de redes de movimientos, en la dimensión gravitatoria, es un efecto del entrelazamiento gravitatorio. De hecho, la fuerza de gravedad no es una fuerza sino un efecto. Con la velocidad aumenta la dispersión, de hecho, la velocidad es una forma de dispersión simétrica de singularidades que pierden en parte su singularidad (su

densidad), y al perder parte de su singularidad aumentan su dimensión gravitatoria y cinética: por eso la velocidad de un objeto aumenta su gravedad. No es que el "tiempo" cambie, además, en el interior de la singularidad por acción de la velocidad, lo que se altera es la simultaneidad en las redes de redes de movimientos, por lo tanto, lo que se altera son los movimientos en red, de ahí que se deduzca de forma errónea que se altera el espacio/tiempo. El problema es que se considera al espacio/tiempo como una entidad, aunque sea dinámica. Las singularidades pueden interferir, como redes de movimientos que son, en forma de simultaneidad pero también de dispersión. Si entre las configuraciones de movimientos intrínsecas (densidad), en dos singularidades diferentes, se produce un entrelazamiento gravitatorio más intenso debido, no al aumento de la distancia sino a la disminución dispersa de la distancia (choque entre redes a velocidad suficiente (dispersión),) se produce una dispersión de movimientos (al romperse las simultaneidades, o parte de ellas, en las singularidades) que es la antigravedad. La antigravedad no es tampoco una entidad ni una singularidad sino una dimensión configurada a partir de redes en dispersión. Esto también demuestra que la dimensión gravitatoria no es exclusivamente intrínseca sino que está determinada por la interferencia (entrelazamiento gravitatorio), o no, con otras redes de redes de movimientos. La antigravedad no es la ausencia de dimensión gravitatoria sino la interferencia inversa (libertad asintótica) entre redes de redes de movimientos. Este fenómeno puede estar producido por la dispersión entre redes, algo así como una asimetría entre movimientos de redes de redes de movimientos. La denominada "atracción" gravitatoria es una simultaneidad de movimientos, pero dicha "atracción", que no puede ser generada a distancia, se produce si se anula la distancia, es decir, cuando redes de redes de movimientos, movimientos o singularidades, interactúan. La distancia es una interferencia, si se anula la interferencia, que es la distancia, se produce la interacción (el entrelazamiento cuántico, por ejemplo); por eso es observable la interacción entre objetos que parecen distantes, como la interacción gravitatoria "a distancia". Ninguna "fuerza" puede actuar a distancia, pero puede actuar si se anula la distancia, como en el entrelazamiento cuántico. La energía oscura no existe, o si existe, es "la antigravedad". La energía oscura como antigravedad es la dispersión invertida de la simultaneidad, es decir, es la dispersión no singularizada. Se ha dicho de la energía oscura que es intensiva y expansiva, el fotón sería exclusivamente expansivo como dispersión y aleatorio de forma intrínseca. Desde esta perspectiva, todos las singularidades contienen energía oscura, que no es otra cosa que la antigravedad como dispersión intrínseca y extrínseca, menos el fotón que es solamente dispersión extrínseca. La energía oscura no es una entidad, sino la dispersión de movimientos contenida o en expansión. Cuando hablamos de fenómenos intangibles es necesario un alto nivel de abstracción, de ahí el lenguaje utilizado.

La *espuma cuántica* puede ser transcendida transmutando (anulando) "la distancia" por movimientos (partículas) que, como el fotón, la "atraviesa" (la distancia) siendo "absorbido (el fotón) y "expulsado" en una constante que es el parámetro de la velocidad de la luz. Ésta puede ser una explicación por la que la "velocidad de propagación la gravedad" sea la misma que la velocidad de la luz:
(https://www.eltiempo.com/archivo/documento/MAM-999323). El entrelazamiento cuántico puede anular la distancia de esa forma pero puede haber otra diferente: la transmutación de las reverberaciones de la espuma cuántica, es decir, mediante fragmentaciones, una partícula (movimiento) puede transcender la distancia (espuma cuántica), no por medio de la absorción-expulsión sino aprovechando la fluctuación cuántica (reverberaciones de la espuma cuántica), lo que ocasiona la *simultaneidad instantánea*, diferente de la *simultaneidad dinámica*. Si la gravedad se configura de este modo, entonces es una simultaneidad instantánea en su estado de interacción e interferencia entre singularidades, no como simultaneidad intrínseca, como simultaneidad intrínseca es una simultaneidad dinámica intrínseca; y su velocidad sería superior a la velocidad de la luz como defienden algunas hipótesis. En este caso, tanto Newton como Einstein tendrían razón, los dos tendrían razón: Newton en la simultaneidad gravitatoria por entrelazamiento gravitatorio y Einstein en la velocidad de propagación de la luz previa al entrelazamiento gravitatorio.

La confluencia entre movimientos en dispersión y no en redes de movimientos es lo que genera agujeros negros. Un agujero negro es lo opuesto a la simultaneidad, es la dispersión en su forma más pura, por eso es asimétrico y aleatorio. No contiene límites, sus límites remiten, unicamente, a su influencia. La gravedad asociada a un agujero negro es la dispersión que en su intensidad, como intensidad de movimientos sin red de redes de movimientos, es tan inmensa que configura un fenómeno de atracción de proporciones cósmicas. Esto es efecto de la configuración de los movimientos como dispersión que configura a su vez un entrelazamiento gravitatorio tremendamente expansivo por la cantidad de materia en dispersión contenida, es decir, toda la fuerza de la dispersión, que es dispersión de gran intensidad, configura "la fuerza de atracción" que configura, a su vez, la denominada gravedad del agujero negro. ¿Por qué su atracción (su gravedad) no engulle todo el Cosmos?, porque su actividad esta singularizada en proporción a los movimientos contenidos en él que configuran un entrelazamiento gravitatorio, no a redes de redes de movimientos (el universo no es una gran red espacio-temporal). Es la dimensión gravitacional del agujero negro como dispersión de movimientos lo que da lugar a su magnitud y al mismo tiempo contiene su magnitud, es decir, que su magnitud es fuertemente extrínseca. Un agujero negro no existiría sin entorno, sin nada alrededor. Es decir, las singularidades tienen la suficiente estabilidad como para no ser "engullidas" por el agujero negro siempre que la fuerza de atracción sea contenida por la distancia y la capacidad de atracción del agujero negro se encuentre contenida por la cantidad de materia inmersa en él. Los agujeros negros emiten ondas gravitacionales debido a la dispersión de la materia que no alcanza el entrelazamiento gravitatorio extraordinariamente intenso (masivo). La singularidad "agujero negro" debe su existencia a esta circunstancia. Puede ser que la teoría actual que supone que la materia oscura está formada o da forma a agujeros negros sea correcta, pero también es posible que los agujeros negros "depositen" la dispersión intrínseca que se convierte en extrínseca, en última instancia "fotónica invertida" en zonas de materia oscura como "espuma cuántica" por medio del entrelazamiento inverso gravitacional (esto es especulación). Estas zonas (dimensiones) de materia oscura generadas por la actividad de agujeros negros tal vez sean zonas en aleatoriedad en las que se forme dispersión, de esa dispersión, simultaneidad, y nuevas singularidades. Es decir, que en cierto modo, los agujeros negros sean constructores "indirectos" de singularidades como planetas, estrellas y galaxias, precedentes de supernovas. El agujero negro puede ser un configurador de singularidades de dos modos: uno como aleatoriedad en forma de materia oscura por medio del entrelazamiento gravitatorio inverso, y otro, por medio del entrelazamiento gravitatorio resultado de su dispersión intrínseca (disco de acrecimiento). El principio de exclusión de Pauli explica que no puede haber fermiones (uno de los tipos de partículas elementales) en el mismo estado cuántico en el mismo sistema cuántico. Esto no contradice la posibilidad del entrelazamiento gravitatorio, pero al margen de eso, es posible que los fotones, que son bosones y no fermiones, tengan la posibilidad de materializarse como fermiones. Eso podría configurar la materia oscura, tal vez el fotón tenga la propiedad de actuar como fermión en su actividad como partícula en su dispersión inversa en el proceso de entrelazamiento gravitatorio, el buscado axión, y no emitiría luz (de ahí que no podamos verlos) porque la dispersión es intrínseca, es decir, es contenida como simultaneidad (en la materia oscura). La regeneración no es necesario que ocurra en un principio temporal del universo sino que se produce de manera constante. Tendríamos que saber las propiedades de un "axión", en caso de que existan, propiedades en el sentido de qué hacen con la luz extrínseca, si no la irradian ni la reflejan, ¿la absorben? No serían necesarios agujeros negros distribuidos de determinada masa, muy masivos o por debajo de determinada masa, para configurar la materia oscura o parte de ella.

¿Qué es la gravedad?: la dinámica de las redes de redes de movimientos que no son sólo redes en amplitud sino también en intensidad proporcionada en su simultaneidad, lo que puede implicar que la "masa" de un objeto (singularidad) pueda ser más intensa de lo necesario para mantenerse siendo "singularidad" sin que importe necesariamente su magnitud. La gravedad entre singularidades viene dada por el entrelazamiento entre redes, un entrelazamiento que transciende la distancia, de ahí que la interferencia entre redes también sea una red de redes de movimientos, vista como movimientos con trayectorias determinadas (simétricas) que interfieren en otras redes causando la gravedad entre singularidades, que no viene a ser distinta que la gravedad de una singularidad puesto que se trata de la interferencia entre movimientos; esta interferencia genera una simultaneidad que a su vez genera una singularidad (o dimensión) que denominamos "gravedad". Tal vez la gravedad sea dimensional y las ondas gravitacionales comportamientos de partículas en entrelazamiento. El entrelazamiento gravitatorio no tiene que ser simétrico en principio, de ahí la aleatoriedad gravitatoria, pero una vez establecido se produce una simetría gravitatoria o se mantiene una dispersión en una asimetría gravitatoria, recordemos que hablamos de aleatoriedad. Si la simetría se produce, el entrelazamiento gravitatorio permite una cierta estabilidad, de ahí que la gravedad sea una fuerza débil pero más contundente cuanto más magnitud o intensidad tiene el objeto (singularidad). Las redes de redes de movimientos de las singularidades provocan y al mismo tiempo contienen la fuerza gravitatoria, porque es configurada por movimientos, por redes de movimientos, y son estos mismos movimientos los que generan intensidad (masa) y a la vez dispersión que provoca simultaneidades (gravedad entre singularidades). ¿Puede ser el buscado "taquión" el responsable del entrelazamiento gravitatorio, superior en velocidad a la velocidad de la luz, no por su velocidad en sí misma sino por su simultaneidad? (https://www.youtube.com/watch?v=4R1ZNnJGf4U) En el caso del agujero negro, la dispersión de sus movimientos es tan grande que provoca grandes "fuerzas gravitacionales", que a su vez son provocadas por entrelazamientos de movimientos (partículas) que se comportan tanto como ondas como partículas, es decir, se comportan en dispersión, aleatoriedad y simultaneidad, creando esa "red" de redes de movimientos que se denomina "gravedad". Einstein explica las ondas gravitacionales como efectos en el espacio- tiempo (https://www.youtube.com/watch?v=eTd-SWbZxao), esto es, una perturbación que se expresa como onda. La fuerza de la gravedad tiene un alcance infinito como dispersión (aunque cuanto mayor es su dispersión menor es su alcance), pero no como entrelazamiento gravitatorio. Es este entrelazamiento gravitatorio lo que representa en su interacción la constante G y puede ser repulsiva si se invierte (en un agujero negro, por ejemplo). La densidad de un objeto viene determinada por la acción simultánea de sus movimientos, lo que origina también su peso y masa, que es la oposición al entrelazamiento gravitatorio (como dispersión intrínseca que en realidad es simultaneidad dentro del objeto); debido a esa "oposición", todos los objetos son atraídos a la misma velocidad con la constante G (https://circuloesceptico.com.ar/2012/08/por-que-todos-los-objetos-caen-al-mismo-tiempo)*. Esto implica que la gravedad no sea un efecto geométrico sino intrínseco y extrínseco de los objetos (singularidades). Cuanta más masa (gravitatoria e inercial) tiene un objeto, más dispersión gravitatoria tiene, es decir, la intensidad aleatoria del entrelazamiento gravitatorio es más fuerte, mientras, por el contrario, cuanta menos masa tenga, menos intensidad aleatoria, y por consiguiente, simultaneidad como entrelazamiento gravitatorio, tiene. Esto explica la diferencia de la fuerza de gravedad entre objetos más densos y menos densos, porqué un planeta tiene más gravedad que una pluma, pero que sin embargo, aunque la atracción sea mayor entre un martillo y una pluma, los dos objetos caigan al mismo tiempo. Es decir, que aunque la gravedad del planeta necesite más fuerza para "atraer" al martillo y menos fuerza para "atraer" a la pluma, una vez configurado el entrelazamiento gravitatorio, los dos son atraídos con el mismo movimiento (trayectoria), que no con la misma fuerza; lo que determina la diferencia entre la masa y la fuerza de atracción gravitatoria. Es el movimiento gravitatorio lo que determina la velocidad, de hecho, por eso caen los dos objetos (el martillo y la pluma) al mismo tiempo. Entonces, mientras más masa tenga un objeto, mayor será su fuerza de gravedad, pero a la vez, se verá menos afectado por la fuerza de gravedad de los otros cuerpos (cita anterior)*. Se produce una especie de compensación dada por la simultaneidad intrínseca del objeto con el entrelazamiento gravitatorio entre objetos (el planeta y el martillo o la pluma). Esto demuestra, también, que todos los objetos (singularidades) contienen (están configurados) con dispersión contenida y simultaneidad.

Según el modelo clásico de la física existen cuatro fuerzas: electromagnética, gravedad, nuclear fuerte y débil. La fuerza nuclear débil puede actuar fuera del núcleo atómico, por lo tanto, se le denomina fuerza débil sin más. Veremos que no es una fuerza tan débil como parece. Ya hemos visto equivalencias entre la masa y la energía, y entre la fuerza gravitatoria y la electromagnética. La fuerza nuclear fuerte es la interacción más intensa conocida; los fermiones (quarks y leptones) interaccionan entre sí por medio de los bosones. Los quarks se unen formando (hadrones) neutrones y protones, según su tipo serán uno u otro.
https://curiosoando.com/fuerzas-nucleares-fuerte-y-debil

Los hadrones, en general, son afectados por la fuerza nuclear fuerte. Los quarks se mantienen fuertemente unidos gracias al intercambio de otras partículas que se llaman gluones. Esto significa que los movimientos en simultaneidad generan redes de redes de movimientos que configuran singularidades (en este caso, partículas, que son singularidades dinámicas). La aleatoriedad precede a la dispersión, y ésta, precede a la simultaneidad. La fuerza nuclear fuerte es un entrelazamiento gravitatorio cuántico generado entre movimientos que configuran red de redes de movimiento, en este caso, se intercambian gluones que sirven como vía de información (trayectorias de movimientos) que determinan, a su vez, las trayectorias de movimientos de los hadrones. Esto se explica como la configuración de redes de redes de movimientos que son redes gravitatorias. Como la dispersión sigue existiendo a esta escala, una pequeña parte de la interacción (movimientos) puede actuar fuera de los hadrones. A esta dispersión se le denomina en física: "fuerza nuclear débil o fuerza débil". La existencia de la interacción débil es la responsable de que exista radiación. De la misma forma que existe radiación electromagnética, también hay radiación gravitatoria. El intercambio de otro tipo de bosones W y Z, es el responsable de la configuración de esta interacción débil. Es decir, trayectorias de movimientos en dispersión configuran otra simultaneidad no concretada, no singularizada por su mantenimiento de la dispersión, como la desintegración beta. La dispersión compensa la simultaneidad y hace que ésta última no colapse, por eso, la gravedad no hace colapsar los objetos excepto si la dispersión es tan grande que se anula la interacción débil, como en una gigante roja que colapsa y forma un agujero negro. Vemos, pues, que la dispersión puede existir en forma extrínseca o intrínseca, pero cuando es intrínseca de un modo de tal intensidad que rompe el equilibrio, entonces se configura de forma inversa como en el agujero negro. De esta forma, vemos que la interacción débil puede configurarse con tal intensidad que transmute las trayectorias de los movimientos en simultaneidad y genere fuerzas (como trayectorias de movimientos en dispersión) de gran magnitud. Recordemos que esta interacción puede transmutar los protones en neutrones y viceversa. Recordemos también la repulsión electromagnética que se da entre los protones, que es compensada por la fuerza nuclear fuerte. Cuando deja de compensarse, es posible que esto derive en una intensidad de la interacción débil. No significa esto, necesariamente, que la interacción débil sea más fuerte en intensidad que la gravedad sino que afecta a redes de movimientos menos dispersas por ser menos complejas. Pero, ¿realmente esto es así?, ¿afecta a redes menos complejas o la dimensión gravitatoria con su entrelazamiento gravitatorio es afectada por la denominada interacción débil? El modelo clásico de física de partículas unifica la interacción débil con la interacción electromagnética como dos aspectos de la interacción electrodébil (Sheldon Lee Glashow, Abdus Salam y Steven Weinberg). Los bosones W y Z fueron encontrados en el CERN en 1983. (Acorde a la teoría electrodébil, a muy altas energías, pueden observarse cuatro bosones vectoriales de gauge sin masa y similares al fotón, junto con un campo de Higgs escalar (asociado al bosón de Higgs). Sin embargo, a bajas energías, la interacción con el bosón de Higgs ocasiona una ruptura espontánea de simetría electrodébil mediante el llamado mecanismo de Higgs. La ruptura de la simetría produce tres bosones de Goldstone sin masa que son "comidos" por tres de los bosones de gauge originales, adquiriendo una masa efectiva. Los tres bosones con masa son precisamente los bosones W y Z asociados a la interacción débil, mientras que el cuarto bosón permanece sin masa y es observable como el fotón del campo electromagnético.

Esta teoría tiene un número de predicciones impresionantes, incluyendo una predicción de la masa relativa de los bosones W y Z, antes de su descubrimiento en 1983. Experimentalmente el punto más complicado fue la detección del bosón de Higgs que sólo se logró en abril de 2011 y se confirmó la detección en junio de 2012. Producir un bosón de Higgs fue uno de los grandes logros del LHC que se construyó en el CERN. (https://es.wikipedia.org/wiki/Interacción_débil)

A bajas energías, la interacción con el bosón de higgs ocasiona una ruptura espontánea (dispersión) de simetría (simultaneidad desde la perspectiva geométrica) electrodébil mediante el mecanismo de Higgs; lo que puede confirmar la interacción de movimientos que es la dispersión y la ruptura espontánea de simetría electrodébil que es una de las configuraciones de la aleatoriedad. La aleatoriedad no es una entidad sino una configuración de movimientos sin red. Ni la aleatoriedad ni la dispersión configuran redes por sí mismas pero sin ellas no son posibles las redes que configuran singularidades. Esto permite la unificación entre la interacción débil y la interacción electromagnética que son llamadas fuerzas por la física y son también configuraciones en dispersión y aleatoriedad que configuran, a su vez, simultaneidad: el mecanismo de higgs es la configuración por la que las partículas adquieren masa, es decir, adquieren masa y la masa es la actividad de movimientos en dispersión con trayectorias equivalentes (simultaneidad). A partir de la ruptura espontanea (aleatoriedad) de la simetría (simultaneidad) el mecanismo de higgs dota de masa (trayectorias de movimientos en simultaneidad), mediante la absorción de bosones de Nambu–Goldstone, a <u>bosones de gauge</u>. La masa es provocada por los movimientos en dispersión que a partir de la aleatoriedad, configuran la simultaneidad denominada masa. Esto configura ("produce") una red de redes de movimientos denominada "gravedad". Esta "gravedad" es producida a nivel (dimensión) cuántica. ¿Qué relación tiene esta gravedad "cuántica" con la gravedad "macroscópica"? Estamos observando, o más bien, pensando, que la gravedad no es exclusivamente cuestión de geometría. La gravedad es una red de redes de movimientos en dispersión y simultaneidad. La dimensión gravitatoria es configurada a través de red de redes de movimientos, lo que convierte a la gravedad en una dimensión y no en una entidad ni en una alteración de una red (como entidad), más generalizada y geométrica. También parece contradecir la existencia de un fundamento y/o de una partícula elemental fundamental como el gravitón. Las partículas son movimientos en dispersión cuyas trayectorias equivalentes configuran simultaneidad, y las simultaneidades configuran redes de redes de movimientos que son singularidades. La gravedad es una red de redes de movimientos pero debido a su intensa dispersión configura una simultaneidad contenida, es por eso por lo que el denominado "universo" no colapsa. Esto no significa un equilibrio cósmico ni explica por qué el universo como un "todo" no colapse sino que las singularidades no colapsen. Singularidades no configuran un "todo", esto negaría la dinámica de las redes de redes de movimientos e implicaría que el movimiento es una ilusión (como defiende alguna teoría física). Tampoco significa que una configuración cósmica de redes de redes de movimientos constituyan una única red (como ser) porque significaría la negación de la pluralidad, y la negación de la extraordinaria organización en la dispersión y la aleatoriedad del Cosmos conocido.

La función de onda de una partícula es el estado de un movimiento en aleatoriedad, sin dispersión ni simultaneidad. Podría ser una dispersión difusa que no se concreta, eso podría ser la aleatoriedad de la singularidad dinámica (nunca completa) denominada "partícula", del fotón u otros movimientos. A partir de la aleatoriedad se produce la dispersión que, a su vez, configura la simultaneidad. El entrelazamiento cuántico es el estado por el cual, ante una aleatoriedad previa, se produce una dispersión (que puede ser ocasionada por la interferencia (de un observador, por ejemplo), para configurar una simultaneidad. Esta simultaneidad es instantánea desde una perspectiva intrínseca, pero como nos enseñó Einstein en su teoría, desde otra perspectiva extrínseca, la velocidad puede variar. Si aplicamos esto a la gravedad, obtenemos que desde una perspectiva intrínseca, la gravedad es instantánea, pero desde una perspectiva extrínseca tiene la misma velocidad (dispersión) que la luz. Hay hipótesis en la física que afirman que la velocidad de la gravedad es mucho mayor que la de la luz: (https://www.researchgate.net/publication/279200491_Los_experimentos_indican_que_la_velocidad_de_la_gravedad_es_minimo_20_mil_millones_veces_c)

No nos detendremos en la velocidad de la gravedad porque no tiene relevancia en la hipótesis que nos ocupa. Las desigualdades de Bell con sus respectivos experimentos no transgreden la teoría de la relatividad. Esta transgresión sería posible si el entrelazamiento cuántico se produjese a velocidades superiores a la velocidad de la luz. Lo que hace Bell es transmutar la localidad, es decir, altera el principio de localidad (el principio de localidad afirma que dos objetos no pueden influirse a determinada distancia de forma instantánea). La hipótesis de Bell no entra en contradicción con la teoría de la relatividad. No hay variables ocultas que expliquen el fenómeno del entrelazamiento cuántico, el entrelazamiento cuántico se produce por la transcendencia de la distancia, es decir, se transciende la distancia, es decir, se anula. La simultaneidad instantánea, que también es dinámica pero de forma sólo intrínseca, es lo que conforma una red que es una simultaneidad de movimientos. Evidentemente, es una red de movimientos, es decir, dinámica. El teorema de Bell es posible si se anula la distancia, no es una imposibilidad teórica si se anula (transciende) la distancia. ¿Es posible anular la distancia a distancia? Para responder a ello debemos interpretar la distancia como un "algo", no como un espacio vacío. La interacción débil puede transcender (anular) la distancia cuando, precisamente, es débil. Es lo suficientemente débil como para transcender la distancia y configurar un entrelazamiento. De este modo la gravedad tiene una influencia infinita mientras no se singularice, es decir, mientras no se produzca una simultaneidad dinámica (entrelazamiento gravitatorio). ¿Qué partículas como movimientos son los que configuran este entrelazamiento gravitatorio (simultaneidad dinámica)?, probablemente, los mismos bosones W y Z. Son los bosones de la interacción débil. Todo movimiento no interferido es infinito, todo movimiento interferido configura dispersión o simultaneidad; si configura simultaneidad, entonces, configura singularidad, ya sea ésta dinámica o completa; si es dinámica intrínseca de forma extrínseca entre dos o más simultaneidades, que pueden ser movimientos o singularidades, podemos hablar de entrelazamiento cuántico. *El entrelazamiento cuántico es una singularidad dinámica intrínseca que transciende la distancia.* Al transcender la distancia, como entrelazamiento gravitatorio, configura la dimensión gravitacional, que tiene dos estados: dispersión (radiación gravitacional) y simultaneidad (efecto gravitacional). Nos estamos refiriendo a la interacción débil de la fuerza débil resultado de la interacción de la fuerza nuclear fuerte que se relaciona con la interacción electromagnética configurando la interacción electrodébil que por medio del entrelazamiento gravitatorio con otras singularidades configura la dimensión gravitatoria. Las cuatro fuerzas quedan relacionadas en la dimensión gravitatoria. Esto no significa, como afirma la desigualdad de Bell, que las partículas tengan valores definidos sino que en su interacción como movimientos existe una plasticidad que transmuta cualquier constante; esta plasticidad la hemos denominado en nuestra teoría: *dispersión aleatoria.* La dispersión aleatoria de determinados movimientos permiten una interacción débil que a su vez configura una interacción electrodébil que en entrelazamiento gravitatorio configura la red de redes de movimientos que es la gravedad, pero la gravedad no es una singularidad completa solamente, también es una singularidad dinámica (contiene esa dualidad). Los bosones W y Z son movimientos que actúan como información de la singularidad que los emite en su "excedente" de interacción débil, y son intercambiados con otras singularidades que emiten, a su vez, bosones W y Z que también son movimientos que actúan como información de las singularidades que los emiten: así se forma el entrelazamiento gravitatorio, como redes de redes de movimientos. Los bosones entrelazan a sus respectivos hadrones, los hadrones poseen diferentes cargas. Estos hadrones son compuestos por quarks, que pueden concretar interacciones gravitatorias, y de la diferencia entre las cargas de quarks en entrelazamiento cuántico se produce una atracción denominada "atracción gravitatoria". https://cuentos-cuanticos.com/tag/quarks/ . De la distribución de cargas, su respectivo efecto de atracción y el fenómeno del entrelazamiento cuántico se produce el entrelazamiento gravitatorio. El intercambio de información entre movimientos (bosones W^+ v W^- y Z) de los quarks, en la interacción débil, provoca un entrelazamiento entre quarks configurados como hadrones de distintas cargas siendo el resultado de un entrelazamiento gravitatorio con atracción gravitatoria. El bosón Z actúa como portador de movimiento lineal y el bosón W distribuye la carga eléctrica. En la interacción débil, la disminución de su intensidad viene dada porque los bosones asociados tienen masa. La radiación gravitatoria (las ondas gravitacionales) sería la dispersión dinámica (nunca completa) y la singularidad dinámica (sin más) sería la gravedad tal como la conocemos y percibimos sus efectos. La base de esta hipótesis gravitatoria de una dimensión gravitatoria es eso, solamente una hipótesis. Si la hipótesis es correcta, entonces la dimensión gravitatoria no es espacio/temporal ni cuántica exclusivamente, sino que dicha dimensión se configura en una pluralidad de movimientos y redes de redes de movimientos, es decir, no en cuatro dimensiones ni en una única dimensión espacio/tiempo; tampoco es exclusiva de una dimensión establecida de forma arbitraria como es la "cuántica". Esto implica que nuestra visión de una totalidad abierta u holística, de un universo estático o dinámico, y de un origen como el big bang, sería puesta en controversia.

El entrelazamiento cuántico es la simultaneidad de movimientos a distancia por medio de la transcendencia de la distancia. La sincronía provoca el entrelazamiento cuántico (la sincronía anula la distancia, pero no necesariamente la aleatoriedad (sin interferencia hay aleatoriedad)):

Sincronización de picos de partículas en espuma cuántica (pops_) en entrelazamiento cuántico=
Simultaneidad cuántica por anulación de distancia=

<u>*Simultaneidad gravitatoria*</u>
(originada por la dispersión de partículas en la interacción débil)

bosón W → quark → hadrón　$\updownarrow \leftrightarrow \updownarrow$　*bosón W → quark → hadrón*
bosón Z (trayectoria)　　　　　　　　　*bosón Z (trayectoria)*

A veces, cuando una estrella agota su actividad como red de redes de movimientos, el movimiento no cesa sino que se invierten los movimientos en dispersión, modificando trayectorias y dando lugar a una dispersión intensiva o "agujero negro". Cuando una singularidad, es decir, una red de redes de movimientos en simultaneidad, pero no necesariamente en simetría, entra en un agujero negro, se produce aleatoriedad y después dispersión para producir una dispersión de trayectorias de movimientos que no configuran de nuevo la red de redes de movimientos, aunque un agujero negro también es una singularidad en cierto modo; pero es no una singularidad gravitacional simultanea de forma intrínseca sino en dispersión. ¿Cómo es posible que algo en dispersión genere gravedad?, pues porque la gravedad entre un agujero negro y su entorno viene dada por la gravedad dimensional y no por la gravedad cinética o masiva del modelo clásico (toda gravedad es cinética porque proviene de la dinámica de movimientos). La gravedad es una fuerza (como red de redes de movimientos en dispersión, en principio, y no en simultaneidad, pero que genera la simultaneidad y por tanto la singularidad) dinámica; pero que puede contemplar <u>tres estados: el masivo, el cinético (dispersión) y el dimensional (entrelazamiento gravitatorio)</u>. Es la gravedad dimensional la que origina la gravedad masiva en un agujero negro, de este modo, vemos que no es algo aislado ni una singularidad completa: en esto se asemeja al fotón. El fotón no es una partícula virtual sino una singularidad dinámica en proceso, es decir, es dispersión y aleatoriedad. Un agujero negro es una especie de "antifotón", ya que su acción es inversa, esto es debido a su configuración como dispersión intrínseca, pero al contrario que el fotón, produce una dimensión gravitacional que a su vez, configura una densidad extrínseca; el fotón, sin embargo, carece de ella (el fotón contiene densidad energética más no gravitatoria (http://hyperphysics.phy-astr.gsu.edu/hbasees/quantum/phodens.html). **No puede ser una singularidad completa porque su dispersión es tan grande que no genera simultaneidad intrínseca sino tan sólo una** aleatoriedad y dispersión constante, y en esto también se asemeja al fotón. Tal vez el agujero negro sea, en última instancia, luz materializada en dispersión (generador de materia oscura). La luz materializada correspondería a la materia oscura, y la energía oscura sería la gravedad (dimensión gravitacional) del entrelazamiento gravitacional ocasionado por la materia oscura y su entorno (otras singularidades).

Cuando una estrella cesa en su actividad nuclear, el núcleo se contrae y se producen tres posibles singularidades según la presión y la densidad: una enana blanca, una estrella de neutrones o un agujero negro. Cuando esto ocurre se produce aleatoriedad (se produce dispersión y de esa dispersión, aleatoriedad), es decir, cuando la estrella cesa en su actividad como singularidad. Dependiendo de la intensidad de las redes de redes de movimientos (la masa) se producirá una singularidad u otra. Si, verdaderamente, el agujero negro tiene una densidad infinita, entonces lo es como aleatoriedad en transformación, esto es, dispersión, y transforma todo lo que entra en él, incluso la luz, en aleatoriedad y dispersión. Esta aleatoriedad no es eterna ni absoluta ya que el agujero negro posee gravedad o atracción, pero no por la presencia de simultaneidad intrínseca de redes de redes de movimientos sino que su gravedad la ocasiona el entrelazamiento gravitatorio. Sin entrelazamiento gravitatorio el agujero negro no aumentaría su magnitud y perdería su inestable estabilidad. El agujero negro es un caso específico de singularidad. Ante la intensidad y la dispersión de movimientos, el agujero negro no consigue mantenerse como aleatoriedad pura ni como singularidad completa como red de redes de movimientos en simultaneidad. Es una singularidad específica. Podría decirse que un agujero negro es un proceso de aleatoriedad de singularidades porque todo lo que está a su alrededor se convierte en un proceso de dispersión a favor de la aleatoriedad. Este fenómeno explica que la aleatoriedad no es una entidad sino que se produce a partir de dispersión de movimientos. Si la dispersión persiste indefinidamente, entonces estamos tratando de un agujero negro. No sabemos si existen otras singularidades parecidas, al menos, a ese nivel de intensidad. La "lucha" entre movimientos que no se configuran en red, en la aleatoriedad entre simultaneidad y dispersión, es lo que genera la aleatoriedad, y que se encuentra en proceso en un agujero negro. Tanto la simultaneidad en potencia como la dispersión se hayan presentes porque si no fuese así no existiría "gravedad" (como simultaneidad extrínseca y dispersión intrínseca en un agujero negro), pero en este caso la gravedad no es producida por simultaneidad sino en forma de dispersión intrínseca y en forma de simultaneidad en la dimensión gravitatoria del entrelazamiento gravitatorio que nunca es una simultaneidad completa sino en proceso, de ahí la aleatoriedad del agujero negro. Este proceso indica que la dispersión configura simultaneidades, la dispersión está implícita e intrínseca, aunque en origen sea en forma de aleatoriedad. Lo que ocurre es que la dispersión se mantiene constante de forma asimétrica (en el agujero negro) y contenida únicamente por la actividad de los movimientos, lo que es la aleatoriedad de movimientos que no terminan de simultanearse, por lo que no se desarrollan redes de redes de movimientos en el agujero negro.

Es probable que los agujeros negros tengan mucho que ver en la formación de estrellas y galaxias, un ejemplo de ello es el quásar. Puede ser que funcionen como una fuerza reproductiva de lo existente al posibilitar la dispersión y la aleatoriedad que generan la configuración de redes de redes de movimientos. Las estrellas no mueren o desaparecen sino que se transforman. Podría decirse que una enana blanca es una singularidad, una supernova es una dispersión de movimientos con sus trayectorias dispersas, tal vez simétricas o no, y un agujero negro es una aleatoriedad en proceso. En ningún caso poseen estas configuraciones de un modo absoluto.

Regresemos a Newton, pero interpretado por Schopenhauer: la luz blanca no se descompone en colores, el ojo percibe intensidades de luz. La interacción nuclear débil (bosones W y Z) contenida por la interacción nuclear fuerte, y ambas, en su interacción electromagnética que permite a la interacción nuclear débil (bosones W y Z) tener un "excedente", (es decir, transcender las tres fuerzas), generar un entrelazamiento cuántico entre las interacciones intrínsecas de otras singularidades (objetos) y producir la denominada "fuerza de gravedad" por medio del entrelazamiento gravitatorio. Existen, por esa interacción, diferentes intensidades gravitatorias (como en la luz blanca existen diferentes intensidades). De la perturbación o interferencia de esas intensidades podríamos y podemos interferir en la gravedad. Las ondas gravitacionales son la dispersión de esa interacción no entrelazada, es decir, no configurada en red, como redes de redes de movimientos; de ahí su movimiento y dispersión que tiende al infinito, pero es alterada por la espuma cuántica, lo que provoca que se mantenga en la constante de la velocidad de la luz.

El único límite que tiene el movimiento son otros movimientos, es decir, o lo que es lo mismo, el movimiento carece de límites intrínsecos y extrínsecos: es la interacción entre movimientos lo que provoca que no alcancen la velocidad infinita, suponiendo que eso sea una velocidad y no un movimiento, tal vez, ¿simultáneo? Pero la interferencia entre movimientos no es límite de nada: todo movimiento tiende al infinito. Toda red de redes de movimientos tiende al infinito, tan sólo es acotada por otros movimientos o redes.

Toda singularidad tiende al infinito, tan sólo es acotada por otras singularidades. Los límites no existen, excepto en nuestras mentes, son abstracciones generadas por la percepción de acotaciones. Cuando se dejó de creer en límites físicos se inventó la aviación. Las abejas no están diseñadas para volar, sin embargo, vuelan, como afirman algunos biólogos, porque ellas no lo saben. Las leyes físicas son parámetros, no limitan la realidad, tan sólo la describen.

Todo tiende al infinito. El infinito es una realidad. Todo ser humano tiende al infinito. ¿Por qué el movimiento de una flecha tirada desde un arco no es infinito?, porque está acotado por otras singularidades como el aire o la gravedad, también está acotado por otros movimientos como son los átomos del aire o las partículas. Las acotaciones o interferencias de redes o de movimientos acota, que no limita, la trayectoria que es el movimiento de la flecha.

El TOC (trastorno obsesivo compulsivo) es una enfermedad mental generada por la necesidad de orden y control obsesivo, y la ansiedad provocada por esa necesidad tiene una equivalencia con la metafísica: en la metafísica todo está relacionado con todo. La física ha sido durante demasiado tiempo una metafísica. Stephen Hawking fue acusado de hacer metafísica, y respondió que como los filósofos ya no hacen metafísica alguien tenía que hacerla. Hawking sabía muy poco de filosofía, pero desde el siglo XVII existe una variada crítica a la metafísica y sus nefastas consecuencias. La necesidad de orden y control dió origen a la metafísica, derivada de una forma de TOC que es el imperialismo y el ansia de dominio de los pueblos. El pensamiento y la sociedad conviven en el mismo espacio. La metafísica es un brote psicótico más. El infinito, pues, no es un principio divino o metafísico en la teoría del movimiento, es más, no es una unidad nouménica o fenoménica, porque no existe el infinito como algo indivisible. Si cada movimiento tiende al infinito, entonces cada movimiento es infinito de forma intrínseca y extrínseca (sólo acotado por otros movimientos); en esta forma, existen los infinitos, los movimientos infinitos, lo que he denominado: abismos. Pensar sobre ellos es filosofar, y de ahí la *Filosofía de los abismos* (*https://www.amazon.es/Filosofía-los-abismos-Adolfo-Paz/dp/1976715172/ref=la_B076K6BY3Y_1_4_twi_pap_2?s=books&ie=UTF8&qid=1549054244&sr=1-4*). Los abismos son los abismos infinitos, porque si el infinito fuese único no habría pluralidad: si todo estuviera relacionado en el Cosmos, no habría pluralidad.

La materia oscura y la energía oscura

En la década de los años 90 del siglo XX, se observó que la luz emitida por un grupo de supernovas era menos intensa de lo que estimaban los cálculos matemáticos. De esta observación se originó la hipótesis de que el universo se estaba expandiendo a una velocidad mayor de la esperada. Esta hipótesis cuestionaba la teoría del big bang, porque la velocidad de expansión esperada en los cálculos matemáticos no podía ser equivalente a la experimentada. De ahí surgió la noción de materia oscura, sobre todo, como una confirmación y evolución de la teoría del big bang. Nuevos datos posteriores indicaban que la expansión generada por la energía oscura no era simétrica ni uniforme sino que era variable en determinados lugares del "universo". La inflación cósmica era irregular, eso ponía de nuevo en serio peligro a la teoría del big bang, pero la noción de materia oscura suponía una variable lo suficientemente válida como para seguir sosteniendo dicha teoría. El modelo estándar estaba sufriendo graves perturbaciones. La materia oscura, además, valida la atracción que se ejerce sobre las galaxias y sirve para que la propia atracción gravitatoria de éstas no provoque un colapso. Se confirmó con datos empíricos que las galaxias no sólo se mantienen según su fuerza gravitatoria en equilibrio sino que también se alejan unas de otras, y el "universo" se expande no sólo de forma acelerada sino cada vez más acelerada. La energía oscura explica este último fenómeno porque actúa como una fuerza antigravitatoria que causa la expansión acelerada. Tanto la materia oscura como la energía oscura no han sido percibidas de forma empírica, pero se supone su existencia debido a su efecto. La materia oscura no emite radiaciones electromagnéticas ni interacciona con ellas, por lo que su percepción no es viable con la tecnología actual pero se infiere su existencia por sus efectos; según observaciones, adquiere energía cuando hay poca gravedad. Teniendo en cuenta la equivalencia entre masa y energía, la materia oscura no adquiere energía sino que su masa deviene en equivalencia en energía. Podría ser, presuponiendo su existencia, que la materia oscura y la energía oscura como singularidad oscura se desarrolla y actúa como masa y energía, es decir, como onda-partícula, de ahí su especial comportamiento y su indeterminabilidad, así como la dificultad en ser percibida. La singularidad oscura se nos escapa como se nos escapa la comprensión en el experimento de la doble rendija. Su existencia se deduce por sus efectos gravitacionales en estrellas o galaxias. Se piensa que tiene más masa que la materia percibida y las partículas que la configuran pueden ser desconocidas hasta el momento. Sin el efecto de la gravedad adicional de la materia oscura, que sirve como restricción, las galaxias colapsarían o se dispersarían. Las observaciones astronómicas permiten posicionar la materia oscura pero no percibirla. Tanto la energía oscura como la materia oscura son una derivación de lo mismo, por lo tanto, deberíamos hablar de entidad oscura o singularidad oscura: esto es presupuesto por la equivalencia $E=mc^2$. Denominemos, si se me permite, a ambas "entidades" como "singularidad oscura", dado que es la densidad, en realidad, la simultaneidad o la dispersión contenida en la configuración de redes de redes de movimientos, lo que ocasiona una entidad u otra, pero la equivalencia es la misma, es decir, es derivada de la constante de la equivalencia. Además, hay un nuevo modelo teórico que unifica la materia y la energía oscura en una especie de fluido con gravedad negativa, es decir, que repele en lugar de generar atracción. El comportamiento de este "fluido" con carga positiva es impredecible como lo es el comportamiento de la materia y energía oscuras, pero esta nueva hipótesis del "fluido" permite mejores predicciones de su comportamiento. La unificación en una única substancia permite mejorar las predicciones y considerar al "fluido oscuro" como una entidad de carga positiva infiriendo e interfiriendo en el resto de entidades o singularidades. La mayor parte de las galaxias gira a una velocidad tan grande que deberían dispersarse pero este fluido oscuro es una explicación de por qué no lo hacen. Está claro que cualquier objeto o materia con masa puede tener carga positiva, ¿pero la energía puede tener carga positiva?, es decir, ¿solamente carga positiva y no negativa? Si el fotón o la electricidad se mueven en la distinta atracción entre sus cargas (es decir, la dinámica de la luz y la electricidad generan las singularidades respectivas; es decir, la dinámica eléctrica genera la electricidad y la dinámica lumínica genera la luz, entonces, ¿la dinámica entre el fluido oscuro, la singularidad oscura, genera la dinámica de todas las singularidades de lo existente?

 Los sistemas biológicos, que también son redes de redes de movimientos, tienen la propiedad intrínseca de autoregenerarse y reproducirse, lo que supone reduplicarse. Este fenómeno se conoce como autopoiesis. La autopoiesis no viene dada por un poder oculto o un fundamento intrínseco que posibilite la autoregeneración y la reduplicación sino porque la simultaneidad de los movimientos posibilita estas propiedades de forma aleatoria, sin fundamentación alguna. La información en forma de ADN y ARN que contienen algunas células no es otra cosa que la reduplicación de redes de redes de movimientos reduplicadas, es decir, en reproducción. Si ampliamos este paradigma al entorno físico, y recordemos que hemos desechado la noción de totalidad, podríamos suponer que tanto la materia oscura como la energía oscura son inexistentes (como entidades). El pretendido efecto de la singularidad oscura no es otra cosa que la propia reduplicación, el "automantenimiento del sistema", que no responde a algo intrínseco como metafísico, ni a la cosa en sí, sino simplemente a la reduplicación y sus efectos sobre el entorno. Los efectos en el entorno y la cualidad, por ejemplo, de galaxias y estrellas de posibilitar su singularidad sin agentes externos debido a la aleatoriedad y la simultaneidad contenidas (configuradas) en ellas, son lo que se ha venido denominando fluido oscuro o materia y energía oscuras. Según la teoría de redes, ninguna entidad es posibilitante de singularidades por exclusividad. Eso no significa que existan espacios vacíos. Un espacio vacío, de vacuidad pura, es únicamente la ausencia de distancia, es decir, algo que se puede transcender y que posibilita el entrelazamiento cuántico, por ejemplo; pero eso no es ningún vacío. Ninguna singularidad está para servir a otra, los cálculos entre fuerzas, energías y materia que los científicos crean para dar estructura y orden al universo sólo sirven para dar estructura y orden a sus teorías, como la teoría del big bang, entre otras. No hay nada más ficticio que generar metáforas intuitivas y no saber que lo son. Si consideramos el universo como un todo contenido, ya sea con inflación cósmica o no, debemos de dotarlo de estructuras y parámetros para, de este modo, que el sistema que hemos creado para interpretar ese universo sea consistente. Lo mismo ocurre con la teoría de cuerdas. Pero si consideramos que no hay universo, las estructuras y los parámetros, lejos de derrumbarse, simplemente, son considerados como lo que son: estructuras y parámetros lógico-intuitivos con corroboración empírica o no, pero nunca definitivos. ¿Por qué no son definitivos?, porque las estetificaciones no son la realidad, no hay correspondencia, lo que otorga su validez no es la validez empírica o evidencial sino la práctica, el uso y el funcionamiento de una teoría, es decir, su corroboración en la praxis. No se puede generar materia o energía de un modo teórico, si bien, pueden existir otras diversas partículas y formas de energía y de materia, pero no conformaran una entidad, sino una pluralidad en multiplicidad, es decir, redes de redes de movimientos. Hasta que esto no se comprenda no se comprenderá el misterio de la materia y la energía oscuras. La raíz de la comprensión no está en experimentos de laboratorio ni en percepciones sino en la perspectiva de nuestra interpretación, la consideración de nuestro propio conocimiento. El conocimiento se puede utilizar para saber los límites del propio conocimiento, pero también para saber su procedencia y determinación: en esto se basa *el principio antropológico*. En este caso, el de el "fluido oscuro", la estrategia se muestra excesiva: los andamios soportan otros andamios, pero el edificio es inexistente. No se puede edificar sobre vacuidades abstractas.

Recordemos que tanto la simultaneidad como la dispersión es posible en las redes de redes de movimientos, la única determinación consiste en la aleatoriedad, que es, precisamente, una ausencia de determinación. Algo está determinado cuando se forma su singularidad, y aún de este modo, la determinación nunca es absoluta, ¿por qué?, pues porque la dispersión siempre está presente y es intrínseca al movimiento, a los movimientos, aunque esté restringida. ¿Cómo se forma el movimiento en espiral de muchas galaxias?, en este juego aleatorio de simultaneidad y dispersión configurado por la aleatoriedad a priori en la formación de una galaxia. La propia galaxia determina sus limitaciones, que no son límites en sí mismos, sino configuraciones de redes de redes de movimientos. No hay un orden intrínseco ni extrínseco; ni como información interna ni como "fluido, singularidad o entidad oscura". La información no es otra cosa que la reduplicación de redes de redes de movimientos, lo transcendente es la comprensión de dichos movimientos. Considerando las repercusiones de esta teoría, la libertad (principio de Heisenberg) está presente en todos los confines del Cosmos; en todos no, tal vez, no en las sociedades de nuestro planeta.

Como en el experimento de Young, sus desarrollos y consecuencias tal vez puedan ser una base para otro tipo de comprensión: la singularidad oscura que deviene como onda-partícula es una reduplicación de redes entrelazadas semejantes o simultaneadas con respecto a sus pares de materia y/o energía "visible". Esta comprensión no termina con el paradigma de la teoría de redes sino que lo amplia, amplía el paradigma. Las redes de redes poseen la propiedad y la cualidad de reduplicarse como entrelazamiento cuántico, de ahí que la singularidad oscura no presente una posición más que aleatoria y su geometría sea asimétrica siguiendo un patrón, a veces simétrico, pero mayoritariamente asimétrico. Esta última interpretación respalda la hipótesis de que la singularidad oscura no sea una entidad, mucho menos consolidada, es una singularidad cuya simultaneidad incluye una dispersión tan inmensa que pueda actuar con la dualidad onda-partícula.

El laberinto

Cuando nos movemos en terreno pantanoso, en lugares desconocidos, sólo la abstracción puede venir en nuestra ayuda. No es la geometría lo que responde a la organización de lo existente, la geometría son parámetros. La pluralidad no es entendida como un ente, aunque sea discontinuo, en este ensayo. Lo relevante de la pluralidad no es la discontinuidad sino la dinámica, pero entendida también como plural, como múltiple, en sus innumerables formas concretas. Más que discontinuidad habría que hablar de discontinuidades, en el plural de la pluralidad. Describir no significa conocer, sin embargo, interpretar no significa, tampoco, evidenciar. La geometría, la mecánica y la hermenéutica no explican sino que describen, porque explicar implica la reflexión sobre lo percibido o descrito. Cuando se describen parámetros se encuentran parámetros, cuando se reflexiona sobre parámetros, se encuentran más parámetros. Al margen de la reflexión, la comprensión del lenguaje tiene mucha responsabilidad en esto, porque el lenguaje no es un espejo de la realidad sino un mediador. El lenguaje es un medio para interpretar la realidad, pero no como instrumento. La interpretación instrumental del lenguaje comete el mismo error: objetiva la realidad como correspondencia con el lenguaje; convierte a la realidad en objeto o mercancía. La hermenéutica y su hipóstasis abstracta: la ontología, establece criterios de evidencia sobre la evidencia misma del lenguaje, que no se materializa más que por medio de juegos malabares; la praxis no varía, se mantiene idéntica a sí misma para no decir nada sobre sí misma. Todo sistema totalitario abstracto o político se basa en esto. El lenguaje siempre es figurativo, incluso el matemático; el lenguaje estetifica, y es *la dimensión práctica, la realización práctica, el criterio de corroboración*. Los arquetipos reguladores como el noúmeno, el ser, la diferencia, la existencia, la materia, la voluntad, la deconstrucción, etc., no dejan de ser espectros metafísicos.

Esta teoría que ha sido expuesta es una filosofía del movimiento que en ningún caso intenta ser definitiva, ninguna teoría lo es. La filosofía no es mágia, arte o literatura, dejando un margen para concebir estos campos desarrollados por la creatividad humana que hacen de la realidad algo sublime. La filosofía tampoco es ciencia, su proceder es demasiado abstracto e intuitivo como para la corroboración empírica directa, incluso práctica directa: es un saber mediado como dijimos; es la ciencia la encargada de una gran parte del conocimiento, pero sólo de una gran parte del conocimiento, no del Todo. La filosofía, por otra parte, no es ya ese sistema de la totalidad, no es saber primero, filosofía primera, porque sus metafísicas alienantes han sido rebasadas por las aplicaciones científicas y por la praxis histórico-social. Pero la filosofía puede seguir siendo lo que siempre ha sido: un enlace, un saber multidisciplinar, pensamiento crítico y reflexivo y teoría. Rechazar la filosofía es rechazar el pensamiento como criterio, como reflexión y autorreflexión, como crítica y auto-crítica. Entre el escepticismo abstracto y la verdad absoluta se encuentra la filosofía como una fuerza contra la enajenación. La filosofía hizo nacer las ciencias del mismo modo que las ciencias hicieron nacer la filosofía, sus existencias dependen de una autocomprensión recíproca: la ciencia sin filosofía pierde su carácter crítico y dinámico, la filosofía sin ciencia pierde todo contacto con la realidad. La dinámica del pensamiento nos impide detenernos en este viaje, tan incierto como extraordinario. El movimiento es una dinámica indivisible por su propio dinamismo, ya sea por la dinámica de redes o por la dispersión aleatoria entre cargas electromagnéticas (como el fotón) y todo lo organiza sin necesidad de orden, por eso la entropía no crece sin límite. Lo intrínseco del movimiento es la dispersión aunque el movimiento mismo sea una simultaneidad dinámica, pero en su aleatoriedad es capaz de configurar singularidades. Las redes dinámicas, a su vez, son divisibles en movimientos y/o en otras redes de redes de movimientos. Lo que existe, desde nuestra perspectiva concreta, parece ser un infinito fluir. En el laberinto del conocimiento, no es la metafísica, ni la religión ni la política, sino la física interpretada a través de la filosofía materialista, lo que alumbra la libertad.

BIBLIOGRAFÍA

Adorno Th.W. *"Dialéctica negativa"*, 2005 Ediciones Akal

Einstein, Albert. *"Sobre la teoría de la relatividad especial y general"*, 2004 RBA

Al-khalili, Jim. *"Cuántica"*, 2016 Alianza Editorial

A.J. Ayer. *"Lenguaje, verdad y lógica"*, 1991 Universitat de València, Ed. Martínez Roca

Bourdieu, Pierre. *"El sentido práctico"*, 2007 Siglo XXI

Comte, Auguste. *"Discurso sobre el espíritu positivo"*, 1999 Editorial Biblioteca Nueva

Faddeev, L.D. Y Slavnov, A.A. *"Introducción a la teoría cuántica de los campos de gauge"* 1999 Ed. URSS

Gadamer, Hans-Georg. *"Arte y verdad de la palabra"*, 1998 Ediciones Paidós

Habermas, Jürgen. *"Acción comunicativa y razón sin transcendencia"*, 2002 Ediciones Paidós
"Ciencia y técnica como ideología", 1997 Editorial Tecnos
"Teoría y praxis", 2000 Editorial Tecnos

Hans, Albert. *"Razón crítica y práctica social"*, 2002 Ediciones Paidós

Hawking, Stephen W. *"Historia del tiempo"*, 1988 Editorial Crítica
"Agujeros negros", 2017 Editorial Crítica

"La teoría del Todo", 2007 Editorial Debate

Hegel, G.W.F. "Fenomenología del espíritu", 2000 FCE

Heidegger, Martin. "El ser y el tiempo", 1996 FCE

Kant, Inmanuel. "Crítica de la razón pura", 2004 RBA

Labarga Echeverría, Luis.
http://www.ft.uam.es/personal/llabarga/scaling_libertad_asintotica_nov2004.pdf

Lakoff, George y Johnson, Mark. "Metáforas de la vida cotidiana", 2001 Ediciones Cátedra

Marcuse, Herbert. "Razón y revolución", 1995 Alianza Editorial
"La dimensión estética", 2007 Ed. Biblioteca Nueva
"Eros y civilización", 2003 Ed. Ariel
"El hombre unidimensional", 2005 Ed. Ariel

Marx, Karl., Engels, Friedrich. "La ideología alemana", 2014 Ediciones Akal

Nietzsche, Friedrich. "Sobre verdad y mentira en sentido extramoral", 1996 Editorial Tecnos

Páez Páez, Christian.
https://tecdigital.tec.ac.cr/revistamatematica/Libros/algebra lineal/Matrices%20y%20sistemas%20lineales.pdf

Pullin, Jorge. http://ilqgse.blogspot.com/2017/02/gravedad-cuantica-de-lazos-redes.html

Ríos, Sixto. "Matemática finita", 1974 Ediciones Paraninfo

Rorty, Richard. *"La filosofía y el espejo de la Naturaleza"*, 2001
Ediciones Cátedra

Sánchez-Cordovés J. *"Elementos de radiotecnia"*, 1948 Ediciones
Radio

Sánchez del Río, Carlos. *"Física cuántica"*, 2008 Ed. Pirámide

Valdés Vásquez, Patricio Alejandro.
http://repobib.ubiobio.cl/jspui/bitstream/123456789/1998/3/Valdes_Vasquez_Patricio.pdf

Wittgenstein, Ludwig. *"Investigaciones filosóficas"*, 2002
UNAM-Instituto de investigaciones
filosóficas Ed. Crítica

NOTAS

© Gustavo Adolfo de Paz Marín, 2019

Todos los derechos reservados.

Si desea contactar con el autor puede hacerlo en el correo electrónico gus1973adpaz@gmail.com

```
<a href="https://www.safecreative.org/work/1901269746588-
filosofia-del-laberinto" target="_blank">
<span>FILOSOFIA DEL LABERINTO</span> -
<span>(c)</span> -
<span>Gustavo Adolfo de Paz Marin</span>
</a>
```

www.ingramcontent.com/pod-product-compliance
Lightning Source LLC
Chambersburg PA
CBHW030943240526
45463CB00016B/1629